超越自我的銷售實戰

喬·吉拉德的業務魂

應對拒絕，化解異議！
讓每次拜訪都成為機會，
從零開始逆襲成冠軍

Sales Champion

徐書俊，金躍軍 著

成功的銷售不僅僅是一次性的交易
而是一個持續和顧客建立長期關係的過程

從建立初次印象到保持誠信和突破異議，
再到如何促進交易，每一個細節都直指成功的核心——
「世界上最偉大的銷售大師」喬·吉拉德的寶貴經驗！

目 錄

前言
第一章 名片滿天飛 ──
　　　　向每一個人銷售自己
　　打造美好的第一印象 ………………………………… 012
　　自信，別人才能喜歡你 ……………………………… 016
　　銷售，就是先銷售自己 ……………………………… 019
　　成功者在於與眾不同 ………………………………… 022
　　讓名片成為銷售的「輕騎兵」 ……………………… 025

第二章 點燃你的熱情 ──
　　　　發自內心熱愛自己的職業
　　先熱愛銷售，再談薪水 ……………………………… 030
　　每一天都要耐心工作 ………………………………… 033
　　讓客戶感激你 ………………………………………… 036
　　拒絕加入小圈子 ……………………………………… 040
　　強大就是永保進取之心 ……………………………… 044

003

目錄

第三章 蓄勢待發 ──
機會只眷顧那些有準備的人

有目標才能有成功的勁頭 ……………………………… 050
培養敏銳的觀察力 ……………………………………… 054
聰明而不是勤勞地工作 ………………………………… 058
傾聽是銷售的一大法寶 ………………………………… 062
不要忘記那些瑣碎的服務 ……………………………… 065

第四章 銷售中,永遠遵循 250 定律 ──
不得罪任何一個顧客

每個人的背後都站著 250 個人 ………………………… 070
怎樣抓住那個「1」 …………………………………… 074
向每一位顧客微笑 ……………………………………… 078
小損失換取大利潤 ……………………………………… 083
強行銷售就是拒絕顧客 ………………………………… 086
未成交的顧客也很重要 ………………………………… 090

第五章 掌握拜訪的技巧 ──
通向成功之門由此開啟

尋找潛在顧客 …………………………………………… 094
全面了解,約見對象 …………………………………… 098
滿足自尊,讓顧客找到存在感 ………………………… 101
制定訪問計畫 …………………………………………… 105
銷售不是刻意取悅顧客 ………………………………… 109
顧客的時間也很寶貴 …………………………………… 114
讚美你的顧客 …………………………………………… 117

第六章 保持誠信 ──
良好的信譽更容易贏得顧客的認同

用誠實贏得顧客的信任 …………………………………… 122

誠實不等於老實 …………………………………………… 127

掩蓋產品缺點就是掩耳盜鈴 ……………………………… 130

真心與顧客交朋友 ………………………………………… 133

兌現你的承諾 ……………………………………………… 138

展示公司的良好信譽 ……………………………………… 142

第七章 突破異議 ──
牢牢駕馭銷售的主動權

被拒絕是銷售的開始 ……………………………………… 146

「考慮考慮」不等於拒絕 ………………………………… 150

聽懂顧客異議背後的潛台詞 ……………………………… 155

不要與顧客爭辯 …………………………………………… 160

讓顧客無法拒絕 …………………………………………… 165

巧妙化解顧客拒絕理由 …………………………………… 169

化解顧客的價格異議 ……………………………………… 174

第八章 心理賽局 ──
啟動顧客的購買欲望

顧客沒有需求，那就創造需求 …………………………… 180

用產品的味道吸引顧客 …………………………………… 184

讓顧客「二選一」 ………………………………………… 188

讓顧客親身參與 …………………………………………… 191

005

演示，效果最好的銷售 …………………………………… 194
銷售唯一的產品 ………………………………………… 198
抓住顧客的「從眾」心理 ………………………………… 201

第九章 促進交易 ──
快速成交背後的 N 個祕密

緊緊抓住有決定權的人 ………………………………… 206
製造緊迫感促使顧客成交 ……………………………… 210
假定成交，提高成交成功率 …………………………… 214
把握報價的最佳時機 …………………………………… 220
為成交做好準備 ………………………………………… 224
向顧客傳遞愛的資訊 …………………………………… 228
學會辨識成交訊號 ……………………………………… 231
急於求成只能適得其反 ………………………………… 235

第十章 堅持每月一卡 ──
售後是新銷售的開始

售後是銷售的開始 ……………………………………… 240
定期聯繫顧客才能有情感 ……………………………… 243
比產品更重要的是服務 ………………………………… 246
寫封信給顧客 …………………………………………… 249
長期服務顧客，阻斷競爭者 …………………………… 252

第十一章 實施獵犬計畫 ——
讓顧客幫助你尋找顧客

獵犬計畫，讓顧客自然心動 …………………… 256

讓獵犬計畫從身邊開始 …………………………… 259

尋找「獵犬」要用心 ……………………………… 262

開發老客戶這座金礦 ……………………………… 267

把老顧客發展為「獵犬」 ………………………… 270

第十二章 每天淘汰舊的自己 ——
在超越中不斷成長

最大的競爭者是自己 ……………………………… 274

自省，即是進步 …………………………………… 277

追隨夢想，不斷超越自己 ………………………… 279

比自己的榜樣還努力 ……………………………… 282

克服恐懼，做自己的主人 ………………………… 285

目錄

前言

在當今社會中,銷售行業已經成為現代商業和服務業不可或缺的一部分。不論業務員銷售的是房子、汽車、服裝,甚至是一個服務,要想實現成功銷售,大到穿著談吐、小到表情動作,都必須經過一段時間的準備和磨練,業務員才能將自己打造成為更為專業的銷售人員,從而打動顧客,實現成交。

但是要想做到這一點,如果沒有人引導,業務員單憑自己的摸索不向他人學習請教的話,勢必會走不少彎路。所幸,在銷售行業出現了這樣一位銷售大師,從進入銷售行業以來,他已經獲得了以下榮譽:人類銷售史上的奇蹟創造者;世界上最偉大的銷售大師;連續十二年榮登金氏世界紀錄銷售冠軍寶座;全球最受歡迎的實戰派演講大師……

他,就是喬‧吉拉德。作為聞名世界的銷售大師,喬‧吉拉德曾在其自傳中說過這樣一句話:「如果我能成功,你就能成功。」他之所以這麼說,是有原因的。

連高中都沒有讀完的喬‧吉拉德,從懂事開始就需要面對貧寒的家境,以及父親的嘲笑、打擊和暴力。為了能夠早點養活自己、減輕母親的負擔,從9歲開始就打工賺錢,他賣過報紙、當過擦鞋童、當過兵,一直到35歲之前,他一共做過四十多份工作,患有嚴重口吃的他,最終卻一事無成。

但就是這樣一個徹頭徹尾的失敗者,在35歲這個尷尬年齡的時候,決定再次重啟人生軌跡,義無反顧地投入到汽車銷售當中,終於成功逆襲,成為人生贏家。

前言

結合喬‧吉拉德的人生經歷來看，我們就能理解「如果我能成功，你就能成功」這句話的真實含義在於——像喬‧吉拉德這樣既無學歷，起點又低，還沒有人脈的人，一直到不惑之年的臨界點，依然奮鬥不止，我們又有什麼理由停滯不前呢？

更重要的是，在多年的銷售生涯當中，喬‧吉拉德累積了豐富的銷售經驗，總結出諸如「250」銷售定律；在對待顧客上，始終堅持服務至上；在銷售策略上，從不墨守成規，在工作中總結經驗，不斷實現創新。

不論是從勵志，還是銷售經驗方面來說，喬‧吉拉德堪稱業務員奮鬥的楷模，同時，他也是廣大業務員引導者的不二人選。

出於這樣的考慮，本書應運而生。從12個方面著手，梳理、總結了喬‧吉拉德的銷售經驗，並作了適當的延伸，希望能夠拋磚引玉，為業務員提供一些可學習、值得借鑑的經驗。此外，本書還穿插講述了喬‧吉拉德本人早年的一些人生經歷，希望能夠為一些缺乏信心不足的業務員，展示喬‧吉拉德的銷售心路歷程，從而汲取勇氣和自信，在銷售工作中有所斬獲。

總之，不論是作為剛剛入行的「菜鳥」，還是在銷售行業摸爬滾打多年的「老鳥」，本書既能讓前者盡快入門，掌握眾多的業務技巧，又能讓後者提升業務技巧，使自己成為更為專業的銷售人才。

因編者水準有限，此書難免有疏漏之處，希望讀者批評指正。

第一章
名片滿天飛 ──
向每一個人銷售自己

第一章　名片滿天飛─向每一個人銷售自己

打造美好的第一印象

　　身為一個以銷售為生的工作者，無論我們銷售的產品是一個印表機、一間房子或者一個觀點，你都要直接或間接面對你的銷售對象，這個銷售對象可能是自己走上門來，也可能是你要走上門去，也可能是兩者都有的一個或很多的交流過程，無論何種情況，我們都稱之為顧客。

　　沒錯，做業務就是與形形色色的客戶打交道，所以，先想想，我們是以什麼樣的職業形象，出現在顧客眼前，他們又會以什麼心態和眼光看待我們這樣業務的人？

　　社會如何進步，也妨礙不了更多的人內心認定「業務員是一個詭計多端、厚顏無恥的模樣」之類的觀點。所以，你看，我們要首要改變的，就是讓我們的顧客改變這一固有刻板印象，打造出美好的第一印象，也就是說，我們一定不能夠讓這種糟糕的業務員形象落在我們身上。

　　喬·吉拉德說：「我們每天的工作就是進行某種戰爭，因為潛在顧客經常是以敵人的面目出現的。他們認為我們會欺騙他們，而我們認為他們進店來是要浪費我們的時間。但是如果你不另外想辦法，你就會遇上麻煩，因為顧客對你一直懷有敵意，你也會對顧客懷有敵意，所以雙方彼此哄騙。他們可能會買你的東西，也可能不會買。但無論如何，如果雙方一直彼此懷有敵意，那就不會對交易的結果感到滿意。更重要的是，如果猜忌、敵意、不信任表現了出來，那麼成交的機會是很小的。」

　　那麼，如何才能消除顧客的緊張和提防情緒呢？喬·吉拉德的做法是，穿和顧客一樣的衣服。喬·吉拉德作為超級業務，不僅響滿全球，

而且佣金不菲，可謂名利雙收，他本人也比較喜歡穿一些華美的衣服。可一到工作中，他便會脫下這些華美的衣服，換上最普通的衣服。

喬・吉拉德這麼做的最大考量在於，他賣的是普通轎車，購買者多為一般的受薪階級，他們有的是工廠的工人，有的是企業職員，他們每個月領著固定的薪水。而這個群體買車，多數不會付清全款，而是依靠貸款。如果這些人見到業務員穿著價格不菲的衣服和鞋子，難免會產生這樣的想法：這個傢伙穿著這麼昂貴，肯定是從我們身上抽取了不少佣金。如此一來，他們自然會產生緊張和提防的情緒，甚至會打消買車的念頭，轉身離去。

對於這個階層的心理活動和消費水準，喬・吉拉德十分熟悉，所以他和他們穿著一樣樸素的衣服，也就是變相告訴他們——我是你們其中的一分子，我們的地位是平等的，所以沒有必要緊張。這一做法巧妙地給了受薪階級這個群體高度的身分認同感，成功地消除了他們的緊張感和提防情緒。

身分認同感在現代行銷中造成的作用已經不可估量。對於顧客來說，他們希望得到別人的尊重、理解，以及生活觀念和價值觀的認同。如果業務員在穿著上與顧客產生了較大的差距，就會讓顧客產生身分上的落差，更無從談起身分認同感了。一旦顧客產生這樣的心理，那麼即便產品再好，也很難激起顧客的購買慾望了。

所以，一些優秀的業務員都很在意自己的穿著，他們會根據不同的時間、地點、場合來選擇相應的服裝。如果要拜訪的顧客是家庭主婦或是退休的老年人，那麼他們的穿著就比較隨意，如果太過隆重或是正式，就會使顧客有一種距離感；如果拜訪的顧客是在大公司、大企業的員工或是老闆，他們就會穿得正式一些，這樣可以顯現出排場，如果穿著太寒酸，會給人有一種不尊重對方的感覺，最後很可能就無法談成生意。

第一章　名片滿天飛—向每一個人銷售自己

總之，穿著的原則是：既不能過分華麗，又要合體大方。具體的做法，喬‧吉拉德總結為以下幾點：

一、得體。

上衣和褲子、領帶、手帕、襪子等最好是配套的，衣服的顏色不宜太過鮮豔，應盡量保持大方穩重。大多數情況下，業務員應穿西裝，或者是輕便西裝。衣服上可以佩戴能夠代表公司的標誌，或是與產品相似的佩飾，這樣能夠加深顧客對我們或是產品的印象。

盡量不要佩戴太陽鏡或是變色鏡，因為人往往都是透過眼睛來決定，是否可以相信業務員。不要穿太過潮流的衣服，也不要佩戴太多的飾品。可以攜帶一個大方的公事包。所帶的筆最好是比較高級的鋼筆或是簽字筆，不要使用品質低廉的原子筆。盡量不要脫去上裝，以免降低業務員的權威和尊嚴。

二、研究。

對於男性業務員來說，領帶是最能發揮作用的一部分。人們往往喜歡透過領帶來推測業務員的興趣、愛好，從而判斷出業務員的人品。所以，業務員的領帶既不需要別出心裁，也不要過於平淡。根據自己的年齡、性格以及工作特點等方面加以選擇。在公司裡可以預備一雙質地良好的皮鞋，專為拜訪顧客或是出差的時候準備。除了鞋子之外，還可以在公司預備一件襯衫，如果身上的襯衫出現褶皺或是汙點，能夠及時換一件。

女性業務員，則需要預備一雙絲襪，因為絲襪是最容易出現問題的部分。隨身攜帶著手帕、紙巾、梳子等，在日常生活中常常可以用到的東西，不僅是為自己準備，同樣顧客也有用得到的時候。

三、大方。

年輕的業務員，一般而言應該穿著淡雅、樸素，能夠給予人穩重踏實的感覺。如果自身性格比較內向，可以穿一些稍顯鮮豔的衣服，來彌

補性格方面的缺失。

中年的業務員，則可以選擇款式看起來比較新穎的服裝，但要避免穿著過於高級，這樣會給顧客造成產品價格一定非常昂貴的錯覺。

除了服裝之外，還需要注意自己的言談舉止。語速過快、談話粗俗、吐字不清、說話有氣無力、不冷不熱、吹噓、批評、死纏爛打等都不可取，應做到落落大方，談吐優雅。

當然，我們知道，第一印象雖然很重要，但也沒有絕對性，不過，需要注意的是，成敗在於細節，如果我們在沒有說話前，沒有正式開始展現你的產品前，就獲得了一份必要的職業感，我們是否就多了一份成功籌碼呢？

第一章 名片滿天飛—向每一個人銷售自己

自信，別人才能喜歡你

我們內心清楚，銷售行業人才濟濟，新時代的顧客也見多識廣，要在這個職業舞台上站穩腳跟並非易事，如果你連基本的自信都沒有，可能你連門檻都邁不過去。

自信是什麼，對於喬‧吉拉德而言，就是喜歡現在的自己，並在實際工作中，充分發掘自己的優點和特長。

出生在美國貧民窟的喬‧吉拉德，家境貧寒，從9歲起，他就開始在酒吧給客人擦皮鞋賺錢。喬‧吉拉德至今保存著他九歲擦皮鞋時的照片——一個瘦弱的男孩跪在地上，雙手抓著一條白色毛巾搭在客人的鞋面上，他側著臉，衝著鏡頭微笑，露出潔白的牙齒，一副自信的模樣。

9歲，在這個年齡層中，本應該享受著父母的關愛以及無憂無慮的童年，然而喬‧吉拉德卻沒有這個福氣。一直到35歲之前，命運之神都沒給喬‧吉拉德安排過，哪怕一次順利的待遇——他去參加徵兵入伍，但在兵營僅僅待了97天就被退了回來，遭到父親無情的嘲笑；走投無路的他，嘗試當小偷賺錢，卻因東窗事發進了拘留所；後來，他開了一家小型建築公司，有了不少積蓄，眼看日子馬上就要好過起來了，最後卻因輕信別人導致破產。

在35歲之前，喬‧吉拉德做過四十多份工作，但每份工作都因各種原因幹不長久，他一直過著拮据的生活。在國內，多數人到了35歲，都覺得已近不惑之年，人生已經定型，一輩子也就這樣了。他們喪失自信，開始渾渾噩噩地往下混日子。這確實是一個可怕的想法，這就等於一個人「死」在35歲，卻在75歲埋葬，這個期間，不思進取，除了吃喝

拉撒，無異於一個帶著體溫的機器人。

而實際上，喬‧吉拉德本人也承認，在35歲之前，他是一個徹底的失敗者。但那又如何？他從來沒有為此感到過沮喪、難過。因為他的母親曾告訴過他，在這個世界上，只有一個喬‧吉拉德，就算是雙胞胎，也無法取代他，他是獨一無二的，不可複製的。所以，即便處於人生最谷底的時候，他也沒有看輕過自己──他在等待絕地反彈的機會。

這個機會就是進入汽車業務行列。不過，在進入這個行業時，喬‧吉拉德卻再次遭到老闆的拒絕，因為老闆覺得他不適合銷售汽車。然而，他沒有被這近乎當頭棒喝的拒絕打垮，反而是自信滿滿地說：「只要給我一部電話、一張桌子，我不會讓任何一個跨進門來的客人空手走出這個大門。相信我，我會在兩個月內成為這裡最出色的業務員。」

在最後關頭，還是自信讓喬‧吉拉德成功加入汽車銷售的行列，同時也為他贏得了銷售事業起步的機會。三年之後，喬‧吉拉德的做到了年銷售1425輛汽車的記錄，打破了汽車銷售的金氏世界紀錄，並且連續十二年保持著這個記錄。從債台高築，到金氏世界紀錄的擁有者，不得不說喬‧吉拉德創造了一個奇蹟。

縱觀喬‧吉拉德的人生經歷，用「跌宕起伏」四個字來形容一點也不為過。他從最底層的業務員做起，憑藉自己的努力、勤奮、思考和變通，一步步當上了銷售大王，摘取了無數人生桂冠和榮譽，而這一切，都是他用自信為自己造就的傳奇。

不錯，自信確實能讓每個人創造屬於自己的奇蹟。一個自信滿滿的人，他的心態會變得非常平和，不急不躁，他不會和別人作比較，只把自己當成最大的競爭對手，就像喬‧吉拉德一直在衣服上佩戴一個金色的「1」，很多人都會問：「你是世界第一的業務員嗎？」喬‧吉拉德自信滿滿地回答說：「不是，但是我是我自己這行業裡最好的。」

第一章　名片滿天飛—向每一個人銷售自己

　　看，喬‧吉拉德相信自己能行的思想影響了他的行為，使他不停地督促自己要成為最偉大的銷售大王。不過，話又說回來，銷售確實是一個面臨許多挑戰的行業，無論你銷售什麼產品，都會遇到很多挑戰，諸如顧客的挑剔和不信任等等，但如果我們堅信自己一定能夠找到解決問題的辦法，那麼時間終究會給出我們答案。

　　所以，作為業務員，如果我們到現在都拿著僅僅能夠維持溫飽的薪水，是不是該反省自己真的足夠自信，雖然自信不是決定成功的首要條件，但是如果沒有自信，我們連自己都銷售不出去，又談何銷售產品呢？

　　要知道，在業務這個行業中，年薪數十萬甚至百萬的人，也不在少數，他們當中有的也有的像喬‧吉拉德一樣，從最初級業務員起步，但他們卻不甘心永遠只拿基本的底薪維持生活，他們有自信有一天，也會像喬‧吉拉德一樣，賺取優厚的佣金，走向人生巔峰。

　　銷售是一個挑戰十足的行業，如果沒有強大的自信，是很難堅持下去的，但一旦堅持下去，收穫也將會是巨大的，因為做最難的事，才能得到最快的成長。

銷售，就是先銷售自己

有人曾生動形象地把銷售比作談戀愛——為了博得對方的好感，你煞費苦心地搭配衣服，做髮型，甚至還要苦練言談舉止……做這些的終極目的便是，把自己銷售出去，與對方結為秦晉之好。當然，這也不排除，我們想盡一切辦法也無法俘獲對方的心，而這也屬於正常情況。但如果連試著銷售自己的勇氣都沒有，那又如何去開始一場戀愛呢？

同理，做業務也是如此。作為業務員，我們也有很多購物經歷，想必對購買心理也有相當深刻的體會。比如，我們在購買某件商品的時候，如果價格稍微偏貴，我們就會產生吃虧的擔憂；反之，如果價格低廉，我們又會產生會不會是假冒偽劣產品的擔心。總之，我們在最終決定購買之前，總會在心裡猶豫一番。

現在，我們不妨再回顧真正促使自己購買的原因是什麼？是銷售人員誠懇的話語打動了你？還是你相信某個品牌的品質？其實，不論是銷售人員取得了你的信任，還是你信任某個品牌，歸根結柢，不外乎是「信任」兩個字決定了我們的購買行為。

現在反過來想，如果我們開始銷售一件產品，最應該做的是什麼？當然不是喋喋不休地向顧客介紹產品的種種優點，而是想盡辦法取得顧客的信任，只有先做到這點，成交才能水到渠成。那麼，我們如何才能取得顧客的信任呢？先把自己銷售出去，讓顧客了解你，知道你是一個值得信賴而且可靠的業務員，正如喬‧吉拉德說：「你不是在銷售商品，而是在銷售你自己。」

就如上文所說，在戀愛的時候，我們努力展示自己最優秀的一面，使

第一章　名片滿天飛—向每一個人銷售自己

自己有足夠的籌碼打動對方,並獲得對方的信任和認可。喬‧吉拉德就非常善於銷售自己,在他的辦公室裡掛滿了因銷售業績得來的獎牌和獎狀,以及他在報紙上的受訪畫面和一些大人物的合影等。總而言之,除去必須用品之外,在他的辦公室裡找不到與銷售無關的東西。除此之外,喬‧吉拉德最擅長、同時也是他最慣用的銷售自己的方法就是逢人便發名片,如果你有幸能夠認識他,那麼在你手中,一定也會有他的名片,而且不止一張。

多年前,喬‧吉拉德2016年曾在台灣進行演講,當時到場的有幾千人,開場僅僅幾分鐘的時間,台下就有觀眾已經拿到喬‧吉拉德的名片六張之多。然而,更加讓人意想不到的是,當主持人把已經年過74歲高齡的喬‧吉拉德請上台時,他竟然在台上跳起了迪士可,或許是覺得只在台上跳不過癮,他乾脆爬上一公尺多高的桌子,在桌子上面舞蹈起來。這引來台下觀眾一陣陣的歡呼聲,現場的氣氛瞬間被點燃。

「你們想成為像我一樣的人物嗎?」

「想!」

「那你們知道我成功的祕訣是什麼嗎?」

「不知道!」

「那請你們告訴我,在你們的手中有幾張我的名片?」

台下的觀眾有說一張的,有說兩張的……有說六張的。

喬‧吉拉德聽後,說道:「這還不夠。」說完,又拿出幾千張名片,向現場揮灑。

就算是一個從來沒有聽說過喬‧吉拉德的人,在經歷過他的這次演講後,也會對他留下深刻的印象。在喬‧吉拉德看來,一個不會銷售自己的業務員,不僅不是一個合格的業務員,更無法獲得顧客的信任。而他銷售自己的方法就是盡可能的表現自己,表現自己,是隨時隨地地展

現自己的能力，從而吸引別人的注意。

一般來說，銷售自己，首先要向顧客銷售你的人品。喬・吉拉德認為「誠實是銷售之本」，這就要求每一個業務員在銷售的過程中，都要表現出自己的誠實。如果業務員不能給顧客留下一個誠實、可信賴的印象，那麼顧客出於對自己權益的保護，就不會相信業務員對產品所做的介紹，從而拒絕購買。

在美國紐約的業務聯誼會曾做過這樣的統計，70% 的人願意購買商品，是因為他們認為業務員誠實、可靠，能夠得到他們的信任和喜愛。所以作為一個業務員的我們，首先應該做到的就是在銷售自己時，給顧客留下誠實的印象，然後在加上自己的熱情和認真，那麼我們的成功就指日可待。

銷售自己的另一方面，就是要銷售自己的形象。為此，作為一名業務員，我們還要時時刻刻注意自己的形象，言談舉止都要有分寸。否則當我們的形象不能得到顧客的認可時，我們的產品也不會具有說服力。喬・吉拉德本人也十分讚同這樣的觀點，他認為業務員的形象間接地反映出他的內涵。當他穿著西服在演講台上跳迪士可的時候，他平易近人、親和力強的形象就已經深入人心了。

銷售自己，除了向我們所面對的顧客銷售外，還要像更多的人銷售自己，因為每一個人都可能是我們將來的顧客。當我們身處一個典型的商會活動中時，這裡可能有你想要認識的人，如果能讓我們想要認識的人，想要認識我們，就說明你成功地把自己銷售出去了。那麼我們應該向什麼樣的人來銷售自己呢？當然不是沒有選擇性的，選擇了對的人，那我們可以透過這個人認識更多對我們有價值的人，所以，這個人要是某個小圈子中的中心人物。我們可以透過這個人，認識更多的人，從而把自己銷售給更多的人認識。

成功者在於與眾不同

每個業務員都渴望獲得成功，而有的業務員也確實付出相當大的努力，但收穫甚微，這究竟是為什麼？難道是自己還不夠努力嗎？當然不是，有時候我們的努力像是在一處根本沒有水的地方打井，即便付出再多勞動，也不會有結果的。所以，我們得學會在工作中另闢蹊徑，走在他人前面，這樣才有可能取得成功。

有這樣一個真實的故事：美國有一個銷售安全玻璃的業務員喬治，他每年的業績都是全公司第一。同事們都很好奇他是不是有什麼特殊的銷售方法，並一致邀請他做分享。盛情之下，喬治便向大家分享了他的銷售方法。

原來，每當喬治拜訪一家顧客的時候，他不會馬上為顧客介紹他帶來的樣品玻璃的特點，而是問顧客是否相信這個世界上有砸不碎的玻璃，當顧客表示不相信的時候，他就會向顧客要一把斧頭。當顧客一臉疑惑地把斧頭遞給他之後，喬治舉起斧頭，狠狠地朝玻璃砸去，結果玻璃絲毫未損。顧客看得目瞪口呆的同時，也就對喬治的話深信不疑了。

同事們知道喬治的銷售祕法之後，心生佩服的同時，紛紛開始效仿。然而，到了公司再次考核業績的時候，喬治的業績仍然是公司第一。這更讓同事們深感疑惑和不解：為什麼大家用同一種方法去銷售，可結果為什麼會有如此大的差距？

原來自從喬治把自己的銷售方法告訴大家以後，就改變了方法，不再是他自己砸玻璃，而是把斧頭交到顧客手中，讓顧客自己砸。顯而易見，這樣的說服力更強了。

從這個故事中，我們不難看出，喬治能在銷售上取得成功，最大的原因在於，他了解顧客的購物時的心理，懂得站在顧客的立場上去考慮問題，總結出屬於自己的銷售方法。要想做到這點也並非易事，我們得根據消費族群以及銷售環境的不同，不斷改變、總結自己的銷售方法，只有如此才能打動顧客。當然，不論消費族群和銷售環境如何變換，不變的是我們應該有一套成熟的銷售思維模式，這樣我們才能永遠緊跟上不斷湧現出的新的銷售模式，進而總結出屬於自己獨特的銷售方法。

勇於嘗試別人沒有或者不敢嘗試的道路，越是不墨守成規的人，越容易獲得成功。正如喬·吉拉德所說：「世界上最錯的做事態度是，這事不能幹，因為沒人幹過。如果這是真的，那世界上就沒有創新的事物了，那些偉大的發明、新的創意也就不會存在了。

所以，對於業務員來說，要想取得不凡的銷售業績、賺取優渥的佣金，非得根據當下的實際工作情況動一番腦筋不可，然後根據自己的分析，大膽創新，嘗試走一條別人沒有走過的路。要知道，要想讓自己的銷售方法與眾不同且切實可行，並非易事，就連喬·吉拉德本人，在總結自己的銷售方法的過程中，也著實費了一番工夫。

喬·吉拉德帶有義大利血統，這給剛進入汽車業務行列的他帶來了很大困擾。每當顧客當面諷刺「義大利佬如何」的時候，脾氣頗為火爆的喬·吉拉德便會與之發生爭論，甚至還會與對方動手。總之，他最後都會因忍受不了這些嘲諷，主動放棄一些生意。

然而，喬·吉拉德很快便因自己的意氣用事嘗到了惡果──他的銷售業績一直無法得到提升，而且更為可怕的是，眾口相傳，很多顧客都知道了他是一個脾氣暴躁的業務員。試想，誰願意向一個脾氣暴躁的業務員買車呢？

如何扭轉這種不利的局面？喬·吉拉德想了很久，終於抓住了問題

第一章　名片滿天飛─向每一個人銷售自己

的癥結所在：既然我容易和顧客因血統問題發生爭執，那麼我何不改個名字，讓顧客忘記關於血統的問題，這樣問題不就迎刃而解了嗎？

於是，喬·吉拉德重新做了一批新名片，但是這次他並沒有把自己的合法名字吉拉迪印上去，而是把名字後面的「i」去掉，變成了吉拉德。當然他並不是依照法律的程序改名字的，在他看來，他只是為自己取了一個藝名而已，就像是大部分藝人一樣，除了本身的真實姓名以外，都會給自己取一個藝名。

有了新的「身分」和新名片的喬·吉拉德，再次投入工作後，果然不再有顧客因為血統問題和他產生矛盾了。他也能夠全身心地投入到工作當中，這為以後他成為世界偉大的業務員打下了良好的基礎。

對於喬·吉拉德而言，改名字也遭遇了許多有義大利血統人的批評和指責，但他卻毫不在意，他前瞻性地認為，名字不過是一個符號而已，而且他這麼做，完全是為了自己的事業。

從喬·吉拉德改名一事來看，他也是遇到了難題，迫於形勢才想到了這樣一個與眾不同的解決辦法。這帶給業務員的啟發是，我們首先要考慮的不是憑空想一個與眾不同的銷售方法，這無異於閉門造車，於實際銷售沒有任何意義。我們要做的是，分析自己當下所遇到的問題，比如顧客不買帳，無法取得顧客信任，或者是自己的銷售業績出現下滑情況等等，我們可以認真思考這些問題，最後我們找到的一定是與眾不同的解決辦法。

總而言之，所謂與眾不同，就是從現實和實際出發，如果拋棄這兩點，再偉大的銷售方法，都是紙上談兵。

讓名片成為銷售的「輕騎兵」

名片，對於銷售人員來說並不陌生，每個業務員口袋裡或者辦公桌上都有一大把。可不同的業務員對待名片的態度卻大同小異，有的覺得有必要的時候才發給顧客；有的認為名片用處不大，自己的口才才是硬實力；也有的認為，名片不過是用來裝點門面的工具罷了……

不同的業務員對名片的態度雖然不一，但總體來說，都不太重視，或許我們的自身實力很強，以至於讓名片幾乎沒有用武之地，或者讓其僅僅承擔一個聯繫方式的角色。而實際上，名片如果能夠運用得當，絕對會為我們的銷售加分。

喬‧吉拉德就是一個十分會利用名片的業務員，他認為遞名片的行為就像是農民在播種，播完種後，農民就會收穫他所付出的勞動。每次去看足球比賽或是棒球比賽，喬‧吉拉德都會事先準備一萬張名片。當比賽進入高潮時，或者是運動員進球的時候，他就會把名片向空中灑去。

此外，喬‧吉拉德不會放過每一次發名片的機會。在餐廳用餐後，他會在付帳的時候多給侍者一些小費，然後再給他一盒自己的名片，並要求侍者分發給在餐廳用餐的其他人。就算是在繳付電話費或是網路費的時候，喬‧吉拉德都會在其中放兩張自己的名片，使開啟信封的人能夠了解到他的職業。一年下來，喬‧吉拉德至少要發掉100萬張名片。

或許很對人喬‧吉拉德這種近乎瘋狂發放名片的行為感到不解，總認為這樣的做法除了浪費成本之外，又能促成幾筆交易呢？當然，這僅僅是許多人的個人想法，他們看到別人在工作中做出一些不合乎常理的

第一章　名片滿天飛—向每一個人銷售自己

行為時，總會以個人的評判標準來衡量對方是否能夠成功，這當然並不客觀，而唯一有話語權的就是當事人。

作為當事人的喬·吉拉德認為，銷售就是一個無時無刻都需要進行的工作，所以作為業務員，應該意識到這一點，不管在什麼時候，什麼地點，只要你的一隻手接觸到對方，你的另一手就應該把你的名片遞給對方。不要把自己藏起來，讓更多的人知道你是銷售什麼的，只有這樣，當顧客有購買慾望的時候，才會找到你。

所以，我們不難理解喬·吉拉德每年為何能發出近百萬張名片。不管喬·吉拉德每天在什麼場合發了多少張名片，這並不重要，重要的是，如果當天收到他名片的人們中，出現了一個有購買汽車意向的顧客，那麼喬·吉拉德這一天所發出的名片和付出的勞動，都不會白費。

嘗到廣發名片帶來甜頭的喬·吉拉德，開始不滿足每次只給一個人發一張名片。喬·吉拉德在台灣演講的時候，台灣成功學家陳安之也在現場。那天，陳安之並沒有向喬·吉拉德索要過一張名片，而喬·吉拉德一邊主動與他攀談，一邊向他遞發名片，在不到十分鐘的時間裡，陳安之手裡就有了六張喬·吉拉德的名片了。

積極主動與每個可能成為自己潛在的顧客攀談、遞發名片，喬·吉拉德最終收穫的，不僅是給別人留下熱情、可靠的印象，而且收到名片且被他打動的人，可能會將手裡多餘的名片送給身邊的親戚朋友，甚至還會向他們描述喬·吉拉德是怎樣一個熱情洋溢的業務員。如此一來，一傳十，十傳百，等待喬·吉拉德的，將會是更多人知道他的名字。

當然，也許有的業務員會問，如果按照喬·吉拉德這樣散發名片的話，那麼我又怎麼保證拿到名片的人一定會記住我呢？這樣的顧慮顯然是有必要的，經統計證明，每天成千上萬的人在寒暄中交換名片後，這其中93%的名片在24小時之內都被丟進了垃圾桶。只有不到1%的名

片被保留了一個月以上。

對於這個普通困擾多數業務員的問題，喬‧吉拉德也找到了解決辦法。首先，他在印製名片的時候，花了許多心思。在他看來，如果業務員的名片毫無特色，也就很難激起顧客的收藏慾望，這樣的名片不印製也罷。所以，喬‧吉拉德的名片都是自己設計的，他的名片精美大方，用特別字型突出自己的名字、職業，甚至還附上了自己的照片。總之，顧客會從這張名片上了解到一切他想要的資訊。

而在遞發名片的時候，喬‧吉拉德會誠意十足地對每個拿到名片的人說：「你可以選擇丟掉它，也可以選擇留下它。如果選擇留下它，那麼你就可以了解到所有關於我的一切細節，說不定將來有一天你會需要我。」

誠懇的話語再加上精心設計的名片，多數人都不會扔掉名片，而是選擇了保留收藏。而且，更為重要的是，顧客也會從張名片中窺探出喬‧吉拉德做事情的態度，如果有人有購買汽車的需求，自然會聯繫他的。除此之外，還是有很多辦法可以讓名片長期留在顧客手中，比如香格里拉大酒店的做法也值得借鑑。

在香格里拉大酒店的一次商業活動中，每一個前來參加活動的客人在下了計程車後，門僮都會遞給他一張名片，這張名片上印著酒店的名稱、標誌以及聯繫電話，背面則印著門僮剛剛手寫的一組數字，這組數字就是客人剛剛乘坐的計程車的車牌號。

當客人離開飯店時，同樣也會收到門僮遞來的一張名片，這張名片和前一張唯一的區別就是計程車的車牌號換成了即將要乘坐的計程車車牌號，同樣也是手寫。這樣一來，每一個進出酒店的客人都會感覺到酒店周到的關懷，萬一有東西遺落在計程車上，客人就可以根據酒店名片上提供的車牌號碼找回東西。

這是一種自然而又巧妙的銷售方法，無形中向客戶提供了兩次酒店

第一章　名片滿天飛—向每一個人銷售自己

的資訊，長此下去，一定會有所收穫。同時這也是一種低成本的銷售方式，名片成本低廉，但是得到的回報卻是巨大的。

所以，作為業務員，我們現在是不是應該重新審視一下自己的名片，是否還有繼續發揮的空間，盡可能地做到自己的名片不被丟盡垃圾桶。名片上可以顯示的資訊是有限的，那我們怎麼在這有限的地方上，盡情地展示自己，但同時又會引起別人的注意，願意永遠的保留呢？

首先，要確定我們要銷售的對象。如果我們銷售的對象大部分都是自己人，那我們就不必要在名片的背面印上你的英文名字，不要認為這樣會顯得很氣派，相反，這是一種多餘的行為。但如果我們的顧客中有外國人，那麼這樣做還是有必要的。

其次，要盡量利用名牌上的空間對我們的專案盡量描述，就像是一本「迷你宣傳冊」。現在有一種摺疊名片，效果不錯，而且成本不會高出很多，我們可以試一試。

其次，就是在名片的外觀上下功夫了。一般情況下，拿到你名片的人，不會立刻與我們進行交易，那麼我們就需要想辦法讓對方願意留下我們的名片。

常見的技巧就是，在名片上提供一些有用的資訊。比如「百萬莊園」的漢堡，裡面就附帶一枚彩印小卡片，上面是一個科普小故事；還有一家保險公司在名片上印有年數相隔甚遠的郵票。大多數情況下，人們都會對能夠獲得知識的卡片很感興趣。有的證券公司還在名片上印有全球最重要的電話號碼，比如：比爾·蓋茲、李嘉誠……然後在最後印上自己公司的電話。

以上這些辦法，都能夠在一定程度上，為我們的名片增加收藏價值。不要再把名片放在口袋裡，把它散發出去，讓這張小小的名片，成為我們銷售中的「輕騎兵」。

第二章
點燃你的熱情 ——
發自內心熱愛自己的職業

第二章 點燃你的熱情—發自內心熱愛自己的職業

先熱愛銷售，再談薪水

促成多數人加入業務行列的直接原因，在於他們聽了很多人在銷售領域飛黃騰達的傳奇故事，在這些故事的刺激下，他們才義無反顧地成為了一名業務員。

然而，等真正進入銷售行業後才發現，作為初級業務員，他們拿著最低的薪水，做著壓力最大的工作，此時他們後悔不迭，多數選擇了離開。於是，業務在他們眼中便成了一份隨時都可以被替代的工作，況且薪水還沒有那麼豐厚。

如果業務給人留下的是如此不堪的印象，那麼為何每年還會有那麼多人在這個領域不斷創造奇蹟？原因是什麼？當然是不夠熱愛這份工作。如果一個人只想著把工作當成賺錢的手段，而又不願意在工作中投入更多精力和時間，那麼不管他換多少份工作，最終都很難成事。

當然，這並不是說，我們要光熱愛工作，不考慮薪水，畢竟它是我們維持生活的來源。就連喬‧吉拉德也坦誠地承認，他喜歡錢，也喜歡不斷取得勝利給自己帶來的激動和滿足。在他賣出第一輛汽車後，他得到了養活家人的食品，第一次的成功，讓他感受到了銷售工作的價值：除了養家餬口，他還能從中感受到興奮和喜悅。這一次的成功，讓他對自己的工作前景充滿了信心，鼓足了勇氣。

但是，有一個讓喬‧吉拉德無法理解的一個現象是：很多業務員回到家中時，他的妻子甚至不知道他所銷售的產品。為什麼要這樣躲著藏著呢？每一個業務員都要熱愛自己的工作，應該很自豪地告訴大家自己的工作。

作為業務員,如果羞於讓別人知道自己的職業,不僅無法做好本職工作,更別談熱愛工作了。喬‧吉拉德曾說:「有人說我是天生的業務員,因為我十分熱愛銷售工作,我確實認為,我早年成功的主要原因是我熱愛銷售工作。我認為,跟我在一起的其他業務員比我更有才能,但是我的銷售額卻比他們的多,這是因為我拜訪的客戶比他們多。在他們看來,銷售工作是單調乏味的苦差事。在我看來,它卻是一場比賽,有趣極了。」

其實,除了喬‧吉拉德之外,各行各業的頂尖者,他們有一個很大的共同點,就是熱愛自己的工作。因此,作為一名業務員,或是即將從事銷售工作的人員,有必要消除對銷售工作的誤解,要正確、全面地認識銷售工作,這樣才不會產生排斥心理,才能夠滿懷熱情地去做好這份工作。

首先,不要再因為自己是一個業務員而羞於向他人提及自己的工作,而是應該讓每一個認識你的人,了解你的工作,了解你所銷售的產品,這樣,當他們想要購買此類產品的時候,才會想到你。

其次,業務本身就是一個與人打交道的工作,所以絕不能認為自己的工作是無關緊要的,不願意向他人提起,這樣的做法對銷售是毫無幫助的。事實上,無論是對任何一個行業來說,銷售都屬於命脈,每一個效益好的企業,都會把銷售放在至關重要的位置上。

所以,如果有誰說瞧不起業務這份工作或者瞧不起業務員,我們就可以理直氣壯地告訴對方:「正是由於我和像我一樣的人在從事業務工作,你才能拿你賺的全部收入買東西。」不論對方是誰,聽到這樣的回答,都無可辯駁,因為這就是不爭的事實。

業務這個職業無論是在金錢上,還是在情感上,都會讓我們獲得比其他職業更大的回報。無論是在什麼樣的企業,業務員都是企業中值得

第二章 點燃你的熱情—發自內心熱愛自己的職業

尊敬的人。因為不管是什麼產品，都要透過業務員來推廣，都要經過業務員來送到顧客的手中，都要透過業務員來轉換成貨幣。對於大多數企業來說，它的核心競爭力，都是透過業務員來實現的。

從薪水角度來看，業務員的底薪雖然比較低，但是卻沒有上限，完全和自己的能力成正比。銷售得越多，得到的薪水也就越多。除此之外，銷售工作的升職空間也很大，許多我們眼中的成功人物都是從銷售做起的。據調查，企業中74%的高層管理人員，都是透過銷售工作一步一步晉升上去的。雖然，他們曾經艱辛地工作過，但是因為他們一直處於市場的最前線，能夠準確的掌握市場動向。與此同時，他們還透過銷售累積了人脈關係，鍛鍊了自己的交際能力。這些都為他們的成功做了準備。

所以說，銷售不是一份地位低下的工作，也不是一個沒有尊嚴的工作，它是一個應該受到尊重的工作，也是一個充滿挑戰的工作。當然，不管是什麼樣的工作，都會有枯燥乏味的一面，關鍵取決於我們對待工作的心態。我們只有像喬・吉拉德一樣，熱愛這份工作，並願意為之投入全部的時間和精力，把工作做到無懈可擊，那麼升職加薪也就是水到渠成的事情了。

每一天都要耐心工作

「善始者實繁，克終者蓋寡」，這句話語出自魏徵的《諫太宗十思疏》，它的意思是，很多人做事情，開始做得好的很多，但是能善始善終地把整件事情做好就不多了。

如果一個人缺乏耐心，其實是一件很可怕的事情，它會引起一系列的問題，比如懶得刷牙洗臉，甚至懶得吃飯，到後來懶得工作、思考，對任何事情都失去了耐心，即使是遇到一件能讓自己享受過程的事情，也會為了盡快達成目標而草草完成。所以說，一個缺乏耐心的人，既會失去成功的機會，也難以體會到工作中的樂趣。

對於業務員來說，因為職業的特殊性，這就要求我們必須要有耐心去應對工作中的種種細節問題。比如，顧客可能會因為不太會使用新買的產品打電話請教我們等，這就會極大地考驗我們的耐心。如果他們稍微表現出一點煩躁，敏感的顧客立刻就能感覺的到，這樣就會造成比較尷尬的局面。

對於喬·吉拉德來說，在對待工作的態度上，他是極其有耐心的。在他的辦公室裡懸掛著這樣一句話：通往健康、快樂以及成功的電梯壞了──你必須爬樓梯──一步一格。不論到什麼時候，喬·吉拉德始終都把這句話記在心中，一旦有機會，還會用現身說法展現出這句話的重要性。有一年，已經76歲的喬·吉拉德要舉行一次演講，在演講開始前，他讓工作人員搬來一把6公尺高的梯子放在演講台上，然後開始往上爬，一邊爬一邊說：「通往成功的電梯總是不管用的，想要成功，只能一步一步地往上爬。」

第二章 點燃你的熱情—發自內心熱愛自己的職業

在喬‧吉拉德看來，不管是想要獲得快樂，還是獲得成功，梯子理論永遠適用。而在實際中，當我們在電梯和樓梯之間做選擇時，往往都會毫不猶豫得選擇前者，因為電梯可以讓我們節省大量的時間和精力。但需要注意的是，工作不是一蹴而就就可以完成的，如果我們一直想著坐電梯，難免會急功近利，這樣是無法把工作做好的。所以，「一步一步地往上爬」，是踏實對待工作的表現，也是每一名成功業務員所要具備的基本素質。

當然，在實際銷售過程中，如果遇到一些猶豫、經常反覆的顧客，對於業務員來說是一個很大的挑戰，我們會往往因為顧客的表現而洩氣。所以，喬‧吉拉德總結說：「做事有耐心並不是件容易的事情，因為你的時間和金錢總是有限的。如果你沒有耐心，那你雖能隱約看到巨大的利潤就在不遠處，但你可能永遠也得不到。」

而實際上，在銷售的過程中，我們最大的對手是我們自己。每當遇到這種情況，我們不妨站在顧客的角度考慮問題，對方可能是一個節儉的人，購買東西就會比較慎重。所以，與其心裡產生不滿，還不如對顧客化作一句：我理解你，一句話往往就能讓顧客對我們產生感激之情，從而化解我們的不耐煩。

除了應對顧客之外，我們還可能面對的是自己的業務能力不足。提升業務能力也是一個需要耐心的事情。喬‧吉拉德在剛開始賣汽車的時候，除了過去徵訂報紙所累積的業務經驗之外，還沒有多少新的業務技巧。他發現作為業務員，如果沒有豐富的業務技巧，是很難打動顧客的。

為了提升自己的業務技巧，只要銷售經理每次召開銷售會議，喬‧吉拉德都會積極參加。然而，與其他心不在焉的業務員不同的是，他十分珍惜每次學習機會。他會按照會議上放映的示範銷售影片和經理的提

示不停地做筆記，私下還不停地練習，表現出了極大的耐心和熱忱。就這樣堅持一段時間後，喬‧吉拉德驚訝地發現，在會議上所學的那些業務技巧已經開始潛移默化地影響著自己，現在的他舉手投足之間，表現出的都是一個成熟老練的業務員了。

所以，喬‧吉拉德給每個業務員的建議是，工作必須付出耐心。而耐心又需要我們的毅力來支撐，這就意味著，我們要在工作中或者是生活中，要成為自己的領導者，懂得自律才能讓自己的能力不斷得到展現。

不過，值得注意的是，銷售工作除了耐心之外，還要快速找到顧客的需求點，這樣我們的耐心才不會白費。正如喬‧吉拉德說：「僅靠耐心本身並不能取得成功，你必須投入時間和金錢摸索自己吸引顧客和營利的方法，從而確保自己成功。」

第二章 點燃你的熱情—發自內心熱愛自己的職業

讓客戶感激你

有這樣一個真實的故事：一個在房地產售樓的小鮮肉，由於剛加入業務行列，所以好幾個月都沒有賣出一套樓房。好在這個小鮮肉是個樂觀的人，雖然有些著急，但也知道急躁會適得其反的道理，所以他每天都會以一個平和的心態去面對工作。

一天，展示中心來了一個老人，這位老人毫不起眼，再加上穿著普通，當時多數業務員都忙著自己的事情，無暇接待他，即便有人注意到他了，也覺得像這樣的人也就是來看看熱鬧，不會有什麼買房子的意向。那位老人一看沒有人接待自己，也不懊惱，一臉微笑地坐在休息區。

這時，小鮮肉也注意到了那位老人，他也覺得老人可能不會買房子，但是老人的穿著和神態讓他想到了自己的父親，自己的父親不就是這種樸素的模樣嗎？想到這裡，小鮮肉便主動為老人倒了一杯熱水，然後陪他聊了一會兒天。

老人也非常開心，兩人就這樣漫無目的地聊了起來。聊到中途，老人突然表達了想要買房子的意願。小夥子當然歡迎，可是再細細一問，他便驚呆了——原來那位老人是一家企業的董事長，他決定換個新的辦公環境，所以他要買的是整整一層辦公室，而非一套普通的住宅。

小鮮肉一炮而紅，由於業績突出，直接被公司主管提拔到管理層。

作為銷售新人，小鮮肉既沒有銷售經驗，也沒有多少社會資源，為什麼天上掉禮物的事情會砸到他頭上？其實原因很簡單，他僅僅是本著平和的態度工作。所以在他眼裡，不管來人是否有購買房子的意向，但

來者都是客，而自己作為公司的員工，就有必要給予他們足夠的尊重。

顯然，故事中的那位老人也是因為受到了足夠的尊重和關照，才決定從小鮮肉手裡購買房子。可能那位小鮮肉對老人的態度是出於良好的職業素養，也就是說一種本能，但這帶給我們的啟示是，作為業務員，不論我們賣的是房子，還是其他產品，我們都要給顧客足夠的尊重，不論他們是否會向我們購買產品，但最後他們會對我們產生感激之情，他們可能會成為我們下一個成交的潛在客戶。

對於喬‧吉拉德來說，他已經把尊重別人當成自己的職業習慣，甚至還有表演的成分。但不管怎麼說，他的這種表演是真誠的，且是有效的。

喬‧吉拉德在辦公桌的抽屜裡準備了十幾種不同牌子的香菸，當有粗心的顧客想要抽菸卻找不到煙的時候，他就會把所有的煙拿出來讓顧客挑，當顧客表示感謝時，他就會說：「送給你了，拿去抽吧，不用客氣。」

再或者，有顧客說他的襯衫很好看時，他會立刻把襯衫脫下來送給顧客，並說：「喜歡就送給你，拿去穿吧。」當然，如果有的顧客真的不客氣地接受了他的襯衫，他就會回到辦公室裡穿上提前預備的襯衫。

這樣的事情時有發生，甚至有的時候，對於喜歡喝酒的顧客，喬‧吉拉德還會拿出一瓶酒來，在辦公室裡陪顧客一起喝酒。當然，他不會把自己喝得酩酊大醉，他只是透過這樣的方式，讓顧客慢慢放鬆。只要顧客能夠完全放鬆，這樣他們接下來的談話會更加順利。

如果是到顧客家中拜訪，喬‧吉拉德會拿著印有「我喜歡你」字樣的小徽章送給顧客的每一位家人。除了照顧大人的感受之外，細心的喬‧吉拉德還能顧及到孩童的感受。如果有的顧客帶著小孩，喬‧吉拉德會拿出氣球或是棒棒糖之類的東西給他們的孩子。幾乎所有的孩子都喜歡

吃零食，所以他們一旦拿著零食，就會特別安靜地待在一旁玩耍，不會干擾喬‧吉拉德和顧客交談。

以上種種行為都不會付出太多成本，一旦有成交的機會，那麼這些東西簡直太微不足道了。即使當時不會成交，顧客也會因喬‧吉拉德的付出而心生感激之情，這足以讓他們把喬‧吉拉德記在心裡，在買車的時候第一個想到他。

喬‧吉拉德說：「顧客不僅來買產品，而且還買態度，買感情。只要我們給顧客放出一筆感情債，他就會欠我們一份人情，顧客會把這個人情債放在心裡，等著機會來還，而最佳的還債方式就是購買我們所銷售的產品。」

業務員和演員在相當程度上有著相似之處，頂尖業務員就是一流的演員，他們會配合顧客的衣著、舉止，甚至是動作。有時顧客進入店裡後，就會馬上開始觀摩擺在大廳裡面的汽車。這時候，喬‧吉拉德就會走近他們，但是他不會說任何銷售語言，只是保持適當的距離跟在顧客身後，顧客有時候會蹲下來看看車子的底盤，而喬‧吉拉德也會效仿顧客的做法，蹲下來看看車的地盤。這一刻就出現了轉機，顧客往往會被喬‧吉拉德的這個動作逗笑，因為他完全沒有必要蹲下來。

只是一個動作就打破了業務員和顧客之間溝通的堅冰，不管是香菸、威士忌，還是棒棒糖和小徽章，包括襯衫和配合顧客的穿著、動作，喬‧吉拉德所做的種種，只是希望顧客知道，他願意為他們做任何事情。

此外，在喬‧吉拉德的辦公室中，顧客看不到任何一樣可以吸引他們注意力的東西，喬‧吉拉德會把辦公室打掃得很乾淨。當顧客離開後，他會立刻開始打掃辦公室，把所有東西回歸原位，倒掉煙灰，收起酒杯，然後再向空中噴灑除味劑。做這些，也是因為喬‧吉拉德知道有的

顧客並不喜歡煙味和酒味，他希望他的每一個顧客在他的辦公室中都能感覺到舒服和放鬆。

儘管為此喬‧吉拉德付出了不少時間和金錢，但是他所得到的遠遠要比他付出的多。顧客總是對喬‧吉拉德說：「喬，我欠你太多了。」他聽後總是回答說：「哪有，不要這麼說。」

而事實上，喬‧吉拉德就是想讓顧客產生這種「愧疚」的想法。正如拉斯維加斯的賭場老闆們，會把頭等艙往返機票、名貴的衣服、讓人大開眼界的佳餚美味送給顧客們。喬‧吉拉德所付出的和他們比起來，簡直是小巫見大巫，而他們的宗旨卻是一樣的，都是利用顧客的感激之情，使自己的生意更加紅火。

需要注意的一點是，這種「感情債」我們要把握好一個尺度。比如，我們盡量選擇一些物美價廉的東西作為禮物送給顧客，如果禮物太過昂貴，會讓有些顧客產生受賄的想法，以至於會拒絕收下禮物。所以，不要讓顧客欠我們太多「感情債」，最好讓顧客感覺到我們是自然、真誠地為他們服務，而不是刻意為之，這樣才能讓顧客既覺得這是我們是應該做的，又讓他們感覺欠了我們的人情。

不論用什麼方法讓顧客對我們產生感激之情，最重要的是，我們要熟悉顧客的習慣和喜好，這樣才能對症下藥，避免做出無效行為，最終達到自己目的。否則，就會很容易引起顧客的反感，從而導致成交失敗。

第二章 點燃你的熱情—發自內心熱愛自己的職業

拒絕加入小圈子

不論什麼工作，要想遊刃有餘地解決工作中的問題，前提是要熟悉工作的整個流程，然後在此基礎上，更進一步掌握工作的每個細節，只有和工作建立一個深度關係，解決問題時才能厚積薄發，顯得特別輕鬆。

對於業務員來說，要想使自己的業績斐然，就必須與業務這份工作建立深度關係，而建立深度關係的關鍵則在於投入，你投入的精力和時間越多，你與這份工作的關係也越來越密切，直到你徹底掌握了它，並成為該行業的專家，此時你就會展現出強大的銷售能力。

銷售工作其實很公平，你的收穫永遠會和你的投入成正比。喬‧吉拉德就十分明白這個道理，所以在他加入業務行列，給自己約定的第一個規矩就是──拒絕加入小圈子。

所謂的小圈子，指的是「廢話圈子」或者是「聊天圈子」，如果加入了這個小圈子，每天早晨到了公司的第一件事，可能就是和其他同事討論自己昨晚吃了什麼；今天早上遇到了什麼事情；或者是把過去銷售圈子中，一些芝麻大的事情再重新講述一遍。你說一句，我說一句，時間不知不覺就過去了，如果碰巧有人講個精彩的故事，那就更沒有心思去工作了。這樣又怎麼能把握住做生意的機會呢？

喬‧吉拉德十分清楚，銷售業績來自於全身心投入，而非等大運。而他之所以能得出這樣的結論，還要得益於他初次加入業務這個新環境。因為剛開始賣車，他和公司裡的業務員都不太熟，況且他骨子裡也有些排斥那些一有閒暇時間就閒聊的業務員。所以，除了他們討論業

務，喬‧吉拉德湊上去學習之外，剩下的時間，他全部用來熟悉業務，或者透過打一些電話來拉一些生意，再或者，他還會發一些簡訊給他的家人和朋友，將自己的工作和銷售的產品告訴他們。

很快，喬‧吉拉德就因銷售投入獲得了豐收。第一個月，他賣掉了13輛車，第二個月他賣出了18輛車，此時他已經成為店裡銷售業績最優秀的員工之一。不菲的業績更讓喬‧吉拉德堅信工作投入的重要性。不過，正當他野心勃勃準備再接再厲的時候，卻被解僱了。

被解僱的原因很簡單，就是因為店裡的業務員認為喬‧吉拉德搶了他們的生意。對此，喬‧吉拉德也進行了深刻的反思，他雖然依然堅定地認為自己的工作方法沒有錯，可他也意識到，能否維持好與同事之間的關係，也將會影響到他的工作。

有了前車之鑑，喬‧吉拉德加入一家新公司後，依然拒絕加入小圈子，但這並不意味著排斥同事。在處理同事關係上，他變得比以前更加老成。時間一長，同事們都了解到喬‧吉拉德並非是一個孤傲的人，知道他僅僅是想把工作做好而已，所以，也給了他足夠的尊重。

喬‧吉拉德認為，不論你為誰工作或你賣什麼，這是你的生意。你下的工夫越多，就有越多的人成為你的顧客。你逃避工作的每一分鐘都會讓你付出金錢的代價。如果你經常和一幫業務員聊天，你就沒有利用自己的能力好好工作。和一幫人閒聊你是賺不到錢的。

所以，除了不和同事閒聊之外，喬‧吉拉德也不會和他們一起吃午飯。當同事們三五成群地去吃午飯時，喬‧吉拉德是和顧客去吃飯的，就算不是客戶，也是能夠為他帶來顧客的人。他這樣做的目的，僅僅是對自己工作的投入，他想盡一切辦法讓自己的工作做得更好。所以，他建議每一個業務員，在工作中，最好不要和同事組成小圈子，如果很不幸，你已經加入了，那就想辦法退出來，因為這除了耽誤你的工作之

第二章 點燃你的熱情—發自內心熱愛自己的職業

外,是不會有任何好處的。

喬・吉拉德之所以這樣認為,是因為他曾在工作中看到這樣一個場景:

一個顧客走進他們的店裡,這時一個業務員對另外一個業務員說:「兄弟,幫我應付一下,他肯定只是進來逛逛。」另一個接到委託的業務員,因為不是自己的顧客,自然不會放在心上,於是顧客就真的逛一逛走掉了。小圈子裡的業務員只會把時間用來對顧客品頭論足,而不會用來討論怎樣才能留住顧客。

作為業務員,如果我們現在就處在這樣的圈子當中,還不如及早遠離,因為我們很難學到一些真正的銷售知識。因為在小圈子裡的人,既是我們的同事,但也是我們的競爭對手,他們很難將累積多年的銷售經驗對我們和盤托出,更不可能為我們介紹一些優質的顧客資源。

喬・吉拉德認為,小圈子中的大部分人,認為生意全是走進店裡的顧客帶來的,其實不然,如果僅憑此就能取得良好的業績,那只是說是業務員的運氣不錯。業務員要想源源不斷地與顧客成交,就要明白不能靠撞運氣,首先要拒絕加入小圈子,這樣才能把所有的時間用來和顧客聯繫。

在銷售行業中,一切都得靠自己,如果我們連定的基本的業績都完成不了的話,那麼即使有人想幫助我們開拓更重要的銷售管道,我們憑什麼能夠勝任呢?一個人只有在優秀的情況下,才能有機會得到更多新的機會,否則,我們有可能在小圈子裡和同事們在不斷抱怨聲中虛度了大好光陰。

所以,與其加入沒有生氣的小圈子,還不如利用這些時間,多打幾個顧客回訪電話,或者多了解一些客戶資訊。總之,只要我們投入,工作中還是有很多需要我們去做的事情。因為,不去做,永遠不可能找到

新的顧客。在喬‧吉拉德的家鄉有這樣一個比喻：如果你往牆上扔足夠多的義大利麵條，總有幾根會黏在牆上的。喬‧吉拉德後來用這個比喻來形容業務員的工作，如果業務員不停地做工作，只是為了拉一些顧客，那麼或多或少都會拉到。

最後，記住喬‧吉拉德的忠告，在維持好與同事關係的基礎上，不要加入任何小圈子。也許這樣做會讓我們顯得有些不合群，但請不要忘記，我們做業務的初衷和最終目的是什麼。如果能想明白自己要想什麼，我們就會捨棄小圈子，真正投入到工作中，那麼在不久的將來，我們的收穫也是巨大的。

第二章 點燃你的熱情—發自內心熱愛自己的職業

強大就是永保進取之心

衡量一個人是否強大的標準，不是看其表面表現出無所畏懼的模樣，而是在遇到困境時，依然能保持一顆不斷進取的心。這個進取指的是，能夠長期堅持做一件事情，而不是虎頭蛇尾。而要想做到這一點並非易事，因為我們會受環境、情緒、自律等多方面的因素影響，要想保持長久的進取確實很難。

但是話又說回來，做最艱難的事情，往往接受摔打的機會越多，時間久了，就能以苦為樂，以後即便遇到再多難題，也會一笑而過。對於業務員來說，銷售就是一場戰爭，想要打贏這場長期戰役，首先要做的就是，保持一顆進取之心。

對於喬‧吉拉德來說，保持進取之心從他童年時代就開始了。我們都知道，喬‧吉拉德家境貧寒，在他九歲的時候，就開始當擦鞋匠補貼家用了。每天放學後，他第一個衝出教室，帶上擦鞋工具沿街攬生意。可很快他就發現，這樣攬生意的方式成交機率不高，尤其是天氣惡劣的時候，根本沒有人願意停下來擦鞋。

經過多方觀察和摸索，喬‧吉拉德發現了一個有利於促成擦鞋生意的絕妙去處，那就是酒吧。酒吧是一個令人放鬆和表現禮節的地方，三教九流之人雖多，但多數人都比較和善，尤其在天氣冷的時候，他又能免受受凍之苦。從此，他就成為他家附近那幾家酒吧常見的小擦鞋匠。

擦鞋這一行相當辛苦，喬‧吉拉德每次都得跪在地上，一絲不苟的遵循著擦鞋流程，為客人把鞋子擦乾淨。而每次擦一雙鞋，他只能賺 5 美分，有時候碰到一些無賴或者醉漢，都不一定能拿到錢。儘管賺錢辛

苦，但喬·吉拉德不僅沒有打過退堂鼓，反而思索出一些小把戲，比如，在擦鞋的過程中，他會突然將鞋刷子扔向空中，然後用另一隻手接住。每當喬·吉拉德當著客人表演這一小把戲的時候，多數客人都十分欣賞他的機靈，會多給他幾美分小費。

時間長了，喬·吉拉德又開始不滿足僅靠擦鞋賺錢，經過多方打聽，他又得到了另外一份工作──為顧客送《底特律自由新聞報》。因為喬·吉拉德每天還要上學，為了兼顧這份送報紙的工作，他每天必須6點起床，把報紙送到每一家，然後再去上學，放學之後，像過去一樣去酒吧擦皮鞋。

有一次，報社針對喬·吉拉德這些送報紙的員工弄了一次競爭活動──每發展一家新訂報紙的使用者並能維持一個月以上者，就能獲得一箱百事可樂的獎勵。這對喬·吉拉德來說，絕對是一個極大的誘惑。於是，他開始沿門按鈴徵訂報紙。剛開始，喬·吉拉德遭到了很多拒絕。被拒絕的次數多了，他慢慢總結出了一套銷售詞，每敲開一家門後，他總會說一句：「我希望你只訂一週的報紙，如果不滿意，一週後就可以取消訂閱。」

喬·吉拉德之所以這麼說，是因為他總結出了人們訂報紙的規律──多數人一旦訂閱報紙，都會持續一個月以上。而這也恰巧能達成報社訂報滿一個月才給獎勵的規矩。喬·吉拉德說：「送報紙的經歷，是我真正學習銷售的開始。」

透過徵訂報紙，喬·吉拉德得到了數箱百事可樂的獎勵，但他並沒有選擇喝掉這些飲料，而是將飲料擺到居民區進行銷售，並小賺了一筆。那時候，最讓他感到驕傲的事情就是把他賺到的錢交給母親，看到母親欣慰的笑容，他覺得自己付出再多辛苦也值得了。

雖然喬·吉拉德的進取之心很大一部分是迫於家庭的貧困，而不得

第二章 點燃你的熱情—發自內心熱愛自己的職業

不早早面對殘酷的社會。但話又說回來，如果沒有擦鞋和徵訂報紙這些經歷的沉澱，今天的喬·吉拉德能否成為優秀的銷售大師還未可知。

不管經歷慘痛抑或平淡，進取心對於業務員來說，都是成功的重要前提之一。我們每個人猶如一座寶藏，蘊藏著無窮的寶物，等待著自己去挖掘和利用。只是，大多數人更依賴於別人的經驗，從來不會「迫使」自己去做別人做不到的事情。

喬·吉拉德說：「任何一個人都能夠戰勝我，只是他們不願意這樣做，因為他們沒有強烈的進取心去這樣做。」一個人能力的提升，往往是透過自己和自己能力的較量實現的。當我們不確定能否完成某個任務時，不妨鼓起勇氣來試一試，想盡各種方法去完成。一旦我們獲得了成功，我們就會發現只有能正視挑戰、勇於挑戰的人，才能夠打破現狀的束縛不斷地向前邁進。

其實，最難超越的不是別人，而是自己。正如喬·吉拉德所說，任何人都可以超越他，只是沒有人願意去挑戰他自己罷了。超越自己，是一個不斷自我激勵、不斷進取的艱難過程。積極地進行自我挑戰，本身就是一種成功。作為業務員，我們應該具有這種自我挑戰的精神。

首先，不斷地進取，需要我們克服「銷售低潮」。

「銷售低潮」是每一個業務員都可能遇到的情況，在這個期間，我們可能會不斷質疑自己的能力，陷入無盡的懷疑和自卑狀態當中。而引起「銷售低潮」的原因很多，可能是銷售業績出現下滑；可能是發展新顧客遇到了阻力；也可能是某件事情的接連失敗等等。

不論是什麼原因造成的銷售低潮，我們都要保持一個客觀的態度，因為事情已經發生，不可能再改變，我們唯一能夠做的就是，仔細分析銷售低潮的原因，不能過分歸罪自己。這樣我們更容易鑽入牛角尖，徒增痛苦。

找到原因之後，我們還要重拾信心，鼓起勇氣繼續上路。等再過一段時間之後，我們不妨再回頭看這件事情，發現早已變得雲淡風輕，不會再對自己造成什麼困擾了。

其次，學會自我激勵。

業務員和藝術家雖然隔行如隔山，但是這兩份職業都有一個共同點，就是希望自己的成果得到認可。藝術家的認可來自於外界的肯定和讚美，而業務員則需要用良好的業績來證明自己。

那麼，業務員在情緒低迷的時候，首先要學會激勵自己。激勵自己是個技術活，尤其在情緒低迷的時候，我們不妨先避開那些令人心緒煩亂的事情，然後回想我們曾做過的最好業績是什麼時候，是怎麼做到的，這樣把每個細節都想到，到最後，我們都會佩服自己竟然這麼能幹。

銷售是一份處處需要面臨壓力的工作，要想在這個行業變得越來越強大，就得保持不斷進取之心。「進取」與「強大」從來都是相互依存的關係，你進取的心越強烈，那麼你的能力也會越來越強，你越來越強的時候，也會意識到山外有山，你需要更強烈的進取心。這樣，我們就能伴隨著進取之心，不斷前行。

第二章 點燃你的熱情─發自內心熱愛自己的職業

第三章
蓄勢待發 ──
機會只眷顧那些有準備的人

第三章 蓄勢待發—機會只眷顧那些有準備的人

有目標才能有成功的勁頭

　　目標，這兩個字對於當下來說，已經是老生常談，很多人一提及這兩個字，都有些不屑一顧——我有沒有目標結果都一樣，沒成功。其實，我們大可不必談目標而色變，不妨仔細想一想，我們給自己設定的目標是否足夠清晰？是否朝著目標長期堅持了下去？如果沒有做到，那麼我們就該反思自己了。

　　不可否認的是，目標是獲得成功的必要因素之一，也確實是一條不變的真理。對於業務員來說，有一個清晰的目標，也是一件很重要的事情。因為只有心中有了目標，在銷售過程當中，我們眼前才能浮現出我們想要得到的東西，它會一直鞭策我們不斷前進，從而抵達成功。

　　對於喬·吉拉德而言，他最初做業務的目標，就是為妻子兒女解決溫飽。對他而言，就是這個看似簡單卻又充滿辛酸的目標，讓他在銷售行業中慢慢站穩了腳步。

　　前面章節我們已經提到過，在加入業務行列之前，喬·吉拉德的建築公司破產，導致他欠下巨額欠款，每天上門要債的人絡繹不絕，銀行又要扣押他的房子和汽車。本來已經慢慢把日子過得好了起來的喬·吉拉德，還沒等他從容享受這一切的時候，他便從天堂跌入了地獄。

　　一天晚上，當喬·吉拉德拖著疲憊的身子回到家時，愁容滿面的妻子問他要買菜的錢。可喬·吉拉德此時身上分文皆無，他看看妻子，再看看孩子，頓時陷入了無盡的自責當中。當晚，他就失眠了，各種情緒湧上心頭，連妻子兒女的溫飽都解決不了的他，覺得自己是這個世界上頭號的失敗者。

但同時，喬‧吉拉德深知，日子還得繼續過，他不能也沒有時間，一味沉浸在失落和痛苦當中，他首先要解決的問題是，為家人賺來每日三餐的錢。喬‧吉拉德就是帶著這樣一個目標投入業務行列中的。

入行之初，對於從未賣過汽車的喬‧吉拉德來說，要想賣出一輛汽車談何容易！他嘗試著打電話推銷汽車，但不懂電話銷售話術的他，再加上他說話結巴，還未等他把話說完，對方就掛掉了電話。

說話結巴，對於一個業務員來說，是致命的打擊，這會相當程度地影響與顧客的交流，所以很多銷售公司都不願意聘用說話有問題的業務員。可現在喬‧吉拉德好不容易進入了業務行列，再加上家人要面臨挨餓的局面，已經不允許他再另謀生路了。

怎麼辦？喬‧吉拉德沒有為自己留退路，他決定在最短的時間內改掉結巴的毛病。每次和顧客面談的時候，他都會事先想好自己要表達的內容，然後放慢語速。就這樣，一直結巴到35歲的他，終於在賣汽車之後克服了這個毛病。

克服表達能力的難題後，喬‧吉拉德又回到了問題的原點——怎樣賣出第一輛汽車？這個問題直接關係到家人生存的問題。於是，他每天心中只想一件事情——下班的時候，能為家人帶一袋食品回去。

電影《猛龍過江》中有這樣一句經典的台詞：只要你對一件事情有強烈的渴望，全宇宙都會幫你實現；如果說你還沒有成功，那就是渴望還不夠強烈。這句台詞一語道出，只要我們圍繞一個清晰的目標不斷努力，那麼實現它不過是早晚的事情。所幸，喬‧吉拉德沒用多久就實現了自己的目標。

那天快要下班的時候，一位顧客來到了喬‧吉拉德的店裡，當時多數業務員已經下班離開，還有幾個業務員正與顧客交談，沒有人主動放下手裡的事情去招呼那位顧客。喬‧吉拉德一看機會來了，便主動上前

第三章 蓄勢待發─機會只眷顧那些有準備的人

接待了那位顧客。因為太渴望賣出第一輛汽車了，喬‧吉拉德至今都不知道那位顧客的姓名，只知道他是一個可口可樂的業務員。而在銷售的整個過程中，喬‧吉拉德設想了好幾條，應對可口可樂業務員猶豫買車的對策：如果可口可樂業務員說自己有買車的意向，但需要徵求一下妻子的意見，那麼喬‧吉拉德會立刻請他撥通妻子的電話；如果電話沒有撥通，那麼喬‧吉拉德會立刻載著他回家。

總而言之，喬‧吉拉德當時下定決心，不論發生什麼情況，他會想盡辦法讓可口可樂業務員產生購買慾望。經過多方勸誘，可口可樂業務員終於拍板買下了一輛車。為此，喬‧吉拉德高興壞了，他終於從可口可樂業務員那裡得到了可以維持家人生活的佣金了。

多年後，當喬‧吉拉德回顧當年自己賣出第一輛車的時候，依然感慨十足地說：「我成為世界上最偉大的業務員的原因，可能就在於我最需要的東西就是讓餓肚子的家人吃上飯，除此之外別無他求。」

當然，對於業務員來說，要想取得一定業績，並非一定要有一個像喬‧吉拉德一樣拮据的家庭，而是明確自己的真實需求是什麼，你的需求越是強烈，那麼你就會越努力，最終必然能得到自己所想要的。所以，喬‧吉拉德認為，如果一個業務員連自己的需求都不明白，那麼他就缺乏了一個成功業務員的基本條件。

在解決了家人基本的溫飽之後，喬‧吉拉德的銷售事業慢慢有了起色，而就在這時，他內心深處又產生了一個新的目標 —— 打敗公司業績最好的業務員。於是，他把這位業務員的照片貼在自己辦公室的牆上，每天對著照片告訴自己，一定要取代對方成為公司銷售業績最好的業務員，結果他也做到了。

在不同的階段，喬‧吉拉德都會根據實際情況制定短期或者長期目標，一旦目標定下，他就會竭盡全力地朝目標出發，直至成功實現目

標。他就是透過這樣的方式，一步步走向世界聞名的銷售大師。而這給我們業務員的啟發是，業務工作不能沒有目標，否則就是「當一天的和尚撞一天鐘」。工作上的目標是我們工作的最初動力，也是我們能夠一直保持動力的因素，因此一定要給自己的工作制定一個目標，沒有目標的忙碌是得不到任何結果的。

所以，我們不妨也制定一個一天、一週或者一個月的要達到的銷售金額，然後付出全部的努力去完成。需要注意的是，在給自己制定目標時，要根據自己的能力來確定，比自己的能力範圍再高一點，然後逐步提高，這樣堅持下去，銷售業績必然也會得到大幅度增長。

不論怎麼設定銷售目標，我們都要明白自己想要什麼，只有知道自己想要什麼，才能用盡全力去努力，否則，設定再多的目標，也是空中閣樓，沒有任何實際意義。

第三章 蓄勢待發─機會只眷顧那些有準備的人

培養敏銳的觀察力

有一個心理學家的拿手好戲是，每一個來諮詢的顧客，只要幾分鐘時間，心理學家就能準確地說出這位顧客的性格、生活現狀，甚至是婚姻狀態。顧客聽後，多數都驚訝得合不攏嘴，因為在心理學家面前，自己好像完全沒有隱私一樣。

這位心理學家是如何做到在幾分鐘之內看透一個人的呢？原因很簡單，就是透過觀察。有句古話說：「相由心生」。首先，心理學家會仔細分析每一位顧客的相貌，然後再結合顧客的身材、走路姿態以及坐姿等各個細節，就能準確判斷出顧客的性格了。

對於一個頂尖業務員來說，不但是優秀的業務員，也是一個心理專家，他會時刻觀察顧客的一舉一動，從而能準確地把握顧客的需求，然後達成交易。當然，要想培養出這樣敏銳的觀察力，不僅需要進行長期的學習，還得時時刻刻觀察見到的每一個人，這樣日積月累，才能累積自己的經驗。

在喬・吉拉德的業務生涯中，他之所以能夠不斷創造銷售奇蹟，外界的環境和顧客固然是成功的一部分，但絕對不是決定性因素，而真正使他成功的原因在於，他不斷學習的能力。喬・吉拉德認為，社會不斷進步以及環境不斷變化的時候，要想跟上時代並走在別人的前面，唯一的辦法就是不停地學習。喬・吉拉德的學習並不局限於一種知識，他會根據自身的缺乏有針對性地學習，並最終能把學到的知識轉化到銷售中。他認為，要想成為一名優秀的業務員，就要學會「看」，即觀察能力。

我們都知道，古代兩軍交戰之前，雙方都會派出先遣人員刺探軍

情,甚至有的時候,為了得到更詳細的軍事行動,還會派出間諜人員潛伏在對方的軍隊裡。而雙方付出這麼多的原因,都有一個終極目的——取得戰爭的勝利。喬‧吉拉德也曾把銷售比作是一場戰爭,而他的最終目的,就是確認顧客是否有條件購買汽車。

有的業務員看到這裡不禁會產生這樣的疑問:確定顧客是否有購買汽車的能力,唯一的評判標準不就是顧客的穿著嗎?除此之外,還能有什麼其他方法呢?確實,因為我們與多數顧客都是初次見面,根本無從知道顧客的經濟條件,那麼透過穿著來評判顧客是否有買車的意願,似乎成了唯一可行的方法。不過,在喬‧吉拉德看來,所有顧客都有條件買車,只不過在聊天的時候,他需要弄清楚顧客想做什麼、應該做什麼以及從顧客的財力上來說他能做什麼即可。

而在實際中,我們或許有這樣的體驗,當我們產生一個想法,並為這個想法的落實想了種種應對意外的策略。但是,當我們真正執行的時候,卻總有意想不到的事情發生,我們之前想到的應對措施都沒造成相應的作用。可見,想法和行動是有巨大差距的。所以,喬‧吉拉德明確指出,顧客想做什麼、應該做什麼和根據財力能夠做什麼是三件事情,且是三件在大部分情況下不同的事情。

因此,當喬‧吉拉德在得知顧客有購買汽車的意願之後,他會詢問顧客想買一輛什麼樣的車,並盡量滿足顧客。需要注意的是,這種情況只限於顧客的經濟實力允許他購買自己看中的車。一旦顧客選擇的汽車不適合他,那麼作為業務員就要坦誠地告訴對方,以他現在的經濟情況無法承擔這輛車的費用,並向他推薦另一款適合他的車。如果業務員一味迎合顧客而不告訴他真實情況,那麼很快就會給自己帶來不必要的麻煩。那麼,業務員如何告訴顧客實話又不會引起他的反感呢?這就需要我們學習喬‧吉拉德的業務技巧——「觀察」。

第三章 蓄勢待發—機會只眷顧那些有準備的人

當喬‧吉拉德為顧客推薦另一款汽車之後，他就觀察到，顧客可能開始注意自己剛才說的話，並產生了表達滿足自己願望的慾望。這時，喬‧吉拉德往往會適時引導，讓顧客說出自己的真正想法。這時，如果業務員還是喋喋不休地勸說顧客，我們為他推薦的汽車性價比如何好的時候，也就等於從側面打斷了顧客的表達願望，這會讓顧客非常被動，甚至會產生被我們牽著鼻子走的想法。一旦造成這種局面，這筆生意很可能就要泡湯了。

為了避免這種局面的發生，喬‧吉拉德詳細地介紹自己推薦的車型的同時，還會與顧客之前想買的車型作對比，並真誠地告訴顧客他提出這樣建議的真正原因，讓顧客清醒地認識到，以自己的財務狀況無法購買一輛他想要買的車，而喬‧吉拉德為他推薦的這款車性價比確實比較高。

所以，喬‧吉拉德強調，在銷售中，要把顧客的一舉一動都「看」在眼裡，甚至連他們的一個表情都不能放過。不僅銷售汽車如此，銷售其他產品，也需要注意類似事項。比如，很多人不明白保險的作用以及它的運作流程，面對各種保險公司更是不知道選擇哪家合適。所以，他們一般會請業務員代為決定。

但是，請不要忘記，顧客讓一個保險業務員幫助自己決定，並不代表顧客對他的話都相信。這就要求保險業務員要在最短時間內把握住顧客的需求，從顧客的動作、表情，甚至是咳嗽一聲，我們都要想一想，顧客真的是這個意思嗎？同理，銷售汽車也是如此。

如果一家三口來購買汽車的話，作為業務員，我們最佳的推薦應該是一輛空間比較大的汽車，而非雙座跑車。如果我們非要推薦後者的話，那麼不管那輛汽車價格有多麼划算，或者汽車顏色多麼漂亮，顧客也不會買單的。但是，如果顧客家裡已經擁有一輛可以容納全家的人的

汽車，那麼我們這時推薦一輛雙座跑車，至少我們可以詢問顧客是否喜歡雙座跑車。業務員最忌諱的是，還沒有完全弄清楚顧客的心思，在對方需要一輛大車的時候，拚命地為他推薦一輛小車。

當顧客對我們推薦的汽車沉默不語或者心不在焉的時候，我們就要明白，顧客可能不滿意我們的推薦，要立刻探聽顧客的口風，然後根據顧客的想法推薦其他車型。經驗豐富的業務員，會把顧客當成一部精彩的電影用心揣摩，他們會根據顧客的舊車、衣服肘部的磨損程度、皮鞋的牌子，等等，得到他們想要的資訊。

喬・吉拉德認為，如果仔細觀察顧客的舊車，就能得知顧客的大體情況。如果顧客的舊車裡乾淨整潔，甚至還有一股香味，那麼說明顧客本人也比較喜歡乾淨；如果里程錶上的數字比一般人多，那麼顧客可能是一個喜歡旅遊的人；甚至，我們還可能從車的前座和儲物格，看到其他汽車銷售公司的宣傳手冊。

不要小看這些資訊，它的價值對於業務員來說，是無法估量的。比如，如果顧客的舊車引擎出現怠速，或者無力現象，我們就可以告訴顧客，引擎可能要大修或者徹底更換了。這個資訊會刺激顧客產生更加強烈的購買新車慾望，因為顧客在得到我們給的資訊之後，也會算這樣一筆帳，與其換一顆引擎，還不如再加點錢買輛新車。

要想徹底掌握觀察這個業務技巧，需要業務員在工作中不斷鍛鍊、總結，只有長期堅持下去，必然會總結出一套屬於自己的觀察技巧，到那時候，它必將成為我們銷售的左膀右臂。

聰明而不是勤勞地工作

現實中，不少業務員總喜歡把無法銷售出產品的責任，歸罪到店面的地理位置沒有優勢、產品品質太差，更有甚者還會抱怨顧客的不主動……縱觀這些原因，我們不難發現，他們總喜歡把無法銷售出產品的原因歸結到外界，而非自己身上。

這就好比一個自認為有才華的員工，抱怨公司的平台太小、薪水太少，總認為自己已經很努力了，可總是得不到認可。其實，我們不妨問自己一句，你真的足夠優秀了嗎？有時候，也許我們也付出了很大的努力，但僅僅是看起來很努力而已，我們可能根本沒有做出優質且有實效的工作。

同樣作為業務員的喬・吉拉德，他也經歷過身邊的同事抱怨店面位置偏僻的事情，但他認為，決定業務員能否賣出汽車的關鍵原因不在於店面在哪裡，而在於業務員是否肯動腦筋地工作。喬・吉拉德在這家店工作了很多年，一直沒有選擇跳槽。沒有跳槽的原因在於，他認為，業務員在哪賣汽車、或者賣什麼汽車都一樣，關鍵在於你是否能夠聰明地賣車。

對於喬・吉拉德來說，他一年內零售1425輛汽車，平均一天要賣掉4輛汽車。能做出這樣的成績，有時候不是勤勉就能做到的，儘管喬・吉拉德也承認，勤勉並不是一件壞事，但如果能學會更加聰明地工作，那麼就能取得事半功倍的效果。而他聰明的工作方式就是，制定詳細的工作計畫，把計畫細化到每一天。

喬・吉拉德有一個厚厚的記事本，上面記錄了頭一天甚至更早的工

作計畫。每天早上，他都會翻看記事本，檢視當天是否要見顧客，然後根據這些來安排一天的工作。而對於顧客檔案，喬·吉拉德從來都是認真對待，不會隨便記錄在本子上。他會按照顧客姓氏的首字母進行排序，這樣查詢起來，不僅方便而且節省時間，不必一個一個按照人名去查詢。

此外，他還會按照與顧客成交的時間來排序，這樣的好處就是，他可以根據成交後的時間長短，來判斷哪位顧客該買新車了。只要有空的時候，喬·吉拉德就會給那些有可能要買新車的顧客打電話，確認他們最近是否有購買新車的意願。如果沒有，那麼他會進一步詢問對方下次買車的時間會是什麼時候，併作好記錄；如果有，那麼他馬上會告訴對方，店裡有了新款汽車。當與顧客約好看車的時間，他也會馬上記下來。儘管他的記性並不差，但他相信記事本能夠幫助他更詳細地記住更多東西，這樣也能有效地節省他的時間和精力。

你看，從一個小小的記事本中，就能展現出喬·吉拉德是一個做事高效的人，他把每一天的工作計畫都安排得妥妥當當，這樣工作起來才能遊刃有餘。但是，喬·吉拉德不是一個循規蹈矩的人，他會根據當天的工作情況和內容，進行靈活變通，把時間花在刀刃上，讓工作變得更加有效率。

在一天的工作當中，總會有一些閒置時間，但是喬·吉拉德既不會和同事閒聊，也不會坐在一旁休息。比如，這一天喬·吉拉德預約了一位顧客，但是這位顧客下午才能到。在等待的這段時間裡，喬·吉拉德會繼續開拓潛在顧客。

通常情況下，他會給顧客寫郵件，但他只是填寫顧客的姓名和地址，並不急於填寫內容。原因是，那位預約的顧客隨時有可能會來，如果他來了，喬·吉拉德就不得不停止寫信。等與顧客見面結束後，他回

第三章 蓄勢待發─機會只眷顧那些有準備的人

來再繼續寫的話,可能已經完全忘掉了之前的寫信思路,這就等於做了一場無用功。

透過喬‧吉拉德的工作方式,我們不難發現,他之所以能造就銷售神話,並非偶然。因為銷售是一項需要付出腦力的勞動,我們所面對的顧客複雜,工作也比較瑣碎,如果不能總結出一個聰明的工作方法,就很難像喬‧吉拉德一樣把工作做到事半功倍。所以,我們應該從以下幾方面入手,讓自己的工作效率得到提升。

一、安排好工作日程

作為業務員,如果沒有記事本,或者沒有重視記事本,從現在開始就要重視它了。我們不妨提前把第二天所需要做的事情,一一記錄在記事本上,然後嚴格執行。這樣我們就會發現,有了計畫,工作起來既有條不紊,又感覺輕鬆愉悅,更重要的是,還能有效地提高工作效率。

二、用心工作

用心工作,說起來容易做起來難。因為堅持一時用心可以,但長期堅持就不容易了。那麼我們該怎麼辦?最好的辦法就是,在每天工作狀態最好的時候結束工作。需要注意的是,這個好的狀態是指快要下班的時候,如果我們帶著高昂的情緒結束工作,那麼就等於給自己留了一個懸念,我們會期待明天的工作會更加有趣。這樣下去,我們在每天的工作中都會處於興奮狀態,會形成一個良好的循環,要想不用心都很難。

三、善於思考、反思

思考和反思對於工作的意義是重大的,它能幫助業務員不斷克服工作中的困難、總結工作規律、改進工作方法,從而使業績不斷得到提升。這是每位業務員都應該具備的能力,如果沒有這些能力,那麼也就無從談起聰明地工作了。

總而言之，聰明地工作只是為了讓我們在有限的時間裡，做出更為高效的工作。但需要注意的是，聰明不是盲目地尋小道、走捷徑，如果一味追求後者，那麼就可能會造成適得其反的結果。

第三章 蓄勢待發—機會只眷顧那些有準備的人

傾聽是銷售的一大法寶

作為有感情的人類,我們每個人都有傾訴的需要,只不過因為性格使然,或者場合不同,我們多數情況下都會壓制自己的傾訴慾望,也許此刻只有自己心裡明白,我們多麼希望別人停止喋喋不休,把話題拋向我們,讓我們也一吐為快!

所以,作為業務員應該明白,懂得傾聽是能夠和顧客有效溝通的第一步,也是最重要的一步。很多比較成功的業務員並不見得有多麼高超的業務技巧,他們成功的重要因素就是懂得耐心傾聽顧客說話。

喬‧吉拉德在演講中曾分享過自己一次失敗的銷售經歷:有一次,他與顧客正式談話結束之後,開始了閒聊。顧客手舞足蹈地說:「嘿!哥們兒,你知道嗎?我兒子考上了密西根大學。他以後就是一個醫生了!」

「真是太棒了!恭喜你,你的兒子這麼優秀,你應該為他感到自豪!」喬‧吉拉德說這話時,有些心不在焉地盯著窗外。

顧客開心地笑著,繼續說:「他從小就很優秀,我那時候就看出來了,這小子長大後一定成材!」

「你兒子的成績一直都很好嗎?」喬‧吉拉德抓了抓亂糟糟的頭髮。

「是啊,他的成績從小就非常好,老師還經常誇獎他呢!」顧客說。

「哦,那他上了哪所大學呢?」喬‧吉拉德順著顧客的回答,隨口問了一句。

「我剛才都說過了呀!」顧客說這話的時候,突然從沙發上站起身來,然後對喬‧吉拉德說:「對不起,我剛想起來有件急事等我去處理,我先走了。」說完,摔門就離開了。

第二天，喬‧吉拉德主動給顧客打電話時，卻被對方告知，他已經決定從別的店裡買車了。喬‧吉拉德有些驚訝，因為昨天這位顧客明明表示願意從他這裡買車，現在怎麼突然就變了卦呢？他有些生氣地問及原因時，顧客說：「我和那個業務員談起我的兒子時候，他聽得非常投入。對我來說，這就夠了。」

　　喬‧吉拉德這次失敗的銷售經歷，帶給業務員的啟示是，與顧客交流的時候，要學會傾聽。事後，喬‧吉拉德總結這次教訓時說：「業務員做得最傻的事是與顧客競賽，當顧客拿出孩子的照片時，許多業務員也會拿出自己孩子的照片。這一點兒也不聰明，因為你想壓住顧客。」

　　業務員要明白這樣一個事實，顧客不會在意我們的子女或者其他事情，他只是想顯示一下自己孩子的照片罷了。所以，我們不妨把舞台交給顧客，不論他談的內容是否與汽車有關係，我們當一個忠實的聽眾即可。

　　需要注意的是，在傾聽顧客說話的時候，業務員一定不能陷入對方的語言環境中，如果顧客就一個話題不停地說，而且絲毫沒有停止的意思，我們就要適時插話進來，引到一個我們感興趣的話題，比如說，顧客的真正需求是什麼，然後盡量滿足對方的需求。在後續的聊天中，我們要有意識地提供符合顧客要求的商品，並且盡力打消顧客的疑慮。

　　傾聽是一種藝術，要想當好聽眾，讓顧客滿意，並不是一件容易的事情，很多業務員在實際工作中都很難做到踐行。這是因為業務員在傾聽的過程中，發現自己不贊同顧客的某些觀點時，於是便打斷顧客的話進行反駁。

　　這說明，業務員沒有意識到自己是在銷售場合，忘記了自己的真實目的，這樣的爭論不僅於雙方利益，最後受損失的還是自己。再者，當顧客說到一些生活的煩惱或瑣事，我們不能因為不感興趣就失去傾聽的耐心。因為我們一旦失去耐心，顧客往往很快就能察覺的到，他不僅會

第三章 蓄勢待發—機會只眷顧那些有準備的人

失去了繼續往下說的興趣,甚至還覺得自討沒趣,雙方可能就會不歡而散。

當然,有的業務員對於傾聽是銷售法寶這個論調持否定態度,覺得銷售沒有那麼麻煩,只要我口才好,嘴巴甜,能把話說到顧客的心坎裡面去,難道還不能讓顧客成交嗎?因此,有的業務員在銷售過程中,只顧自己長篇大論,顧客連說話的機會都找不到。對於這種銷售方法,喬·吉拉德認為是不恰當的。因為不論業務員說得如何天花亂墜,但這僅僅是業務員的看法,而這就導致顧客失去了發言權,試想,在這種情況下,還能有成交的機會嗎?

所以說,讓顧客開口說話並懂得傾聽顧客說話,是業務員獲得顧客好感和信任的有效途徑。想一想,當有人對我們說的話表現出濃厚的興趣,並擺出一副認真傾聽的態度,那麼我們會有什麼感受?肯定會感覺對方很親切,並且會不由自主地信任他。同理,如果顧客能夠感受到我們在認真地傾聽他說話,那麼他就會感到非常興奮,會越說越多。顧客說得越多,我們就能從中獲取到的有用資訊就越多。

需要注意的是,在傾聽顧客說話的過程中,業務員不能僅用點頭來回應顧客,因為有時候點頭並不意味著我們是在認真傾聽。傾聽也是需要技巧的,當顧客在說話的時候,業務員應該坐在顧客的對面,然後注視著顧客的眼睛,這時候千萬不能左顧右盼,否則顯得我們心不在焉。同時,我們還要保持微笑,不能面無表情或者一臉嚴肅,這樣就能展現出我們良好的職業素養,會給顧客留下非常好的印象。

對於業務員來說,傾聽顧客說話是順利接近顧客的有利武器,同時也是專業業務員的必須具備的素質。我們只有先學會傾聽,投入到顧客的情緒當中,這樣就能與顧客產生情感共鳴,很容易和對方一拍即合,順利地達成交易。

不要忘記那些瑣碎的服務

任何事物都是由一個個微小的部分組成，對於業務員來說，銷售上的細節也是如此。正所謂「千里之堤，潰於蟻穴」，很多時候，顧客拒絕成交並不是因為業務員犯了某些大的忌諱，而是因為業務員在一些細節上，讓顧客覺得我們無法信賴。

很多時候，顧客雖然並不需要業務員為他們付出多少，但在初次見面的情況下，因為陌生、好奇等原因，顧客會不由自主地留意我們待人接物的細節。因此，能否做好這些細節，就成為打動顧客的重要因素之一。

縱觀那些優秀的業務員，他們不見得曾經為顧客做了多少驚天動地的大事，相反，他們都是透過一些微不足道的小事，與顧客建立友好的關係。比如喬‧吉拉德，他最喜歡的方式，就是經常和顧客保持書信聯繫，這種細微的舉動使得他在顧客的心中的位置越來越重要。喬‧吉拉德認為，作為一個業務員就必須注重服務中的細節，有很多業務員常常就是因為細節問題而丟失了顧客。

有一次，喬‧吉拉德想要買一台電腦，他與業務員約定下午一點的時候在業務員的辦公室裡面談。當喬‧吉拉德準時到達辦公室的時候，卻沒有看見業務員。20 分鐘後，那位業務員才走了進來。

業務員首先為自己的遲到表示歉意，並問喬‧吉拉德：「我有什麼能為您服務的嗎？」

此時的喬‧吉拉德已經生氣了，因為這位業務員耽誤了他的時間，如果是在喬‧吉拉德自己的辦公室，他還可以利用這段時間來做些別的

第三章 蓄勢待發—機會只眷顧那些有準備的人

事情，但現在卻身處這位業務員的辦公室，而他又遲到了。這是喬·吉拉德無法忍受的，然而更讓他氣憤的是，這位業務員給出的遲到理由竟然是，他在對面的餐廳吃飯，由於服務太慢而導致他遲到。

喬·吉拉德直截了當地說：「我也是一名業務員，但是我絕對不能接受你的道歉。既然我們約定好了時間，而你意識到自己將要遲到了，作為一個業務員，你應該放棄午餐趕來赴約，你要知道，顧客比你的午餐重要。」

說完，喬·吉拉德就離開了業務員的辦公室。儘管那是一款十分搶手的電腦，而且價格也很實惠，但是由於業務員的遲到，喬·吉拉德最終還是選擇放棄了購買。

這件事情讓喬·吉拉德更加深刻地體會到，有的時候業務員之所以失去顧客，就是因為他們忽視了一些細節。在當下社會中，「細節」這兩個字已經引起越來越多人的重視，不論是企業還是個人，幾乎都會強調細節的重要性。雖然這已經是老生常談，但卻也是獲得成功的重要因素之一。

為了證明細節服務的重要性，喬·吉拉德還舉過一個房屋仲介小姐的例子。那位房屋仲介小姐叫羅妮·里曼，她是俄亥俄州的一位高級住宅房屋仲介，她就從來不錯過機會為她的客戶提供細節服務。比如，她會充當顧客的情報員，為顧客提供社群周圍的教育體制、殘障兒童學校、養寵物、醫療等多方面資訊。總之，只要是一些小問題，她都會幫助顧客解決。

一次，在買屋成交以後，顧客發現車庫的遙控器不見了，而賣主早已經離開了這個地區。於是羅妮·裡曼自己花了150美元為那位顧客買了一個新的遙控器。雖然在這筆房子的佣金中，她少賺了150美元，可是對她來說，顧客的良好感覺要重要得多。

人們常說,「成也細節,敗也細節」,這種提法自有其合理之處。所以,在銷售中,業務員就應該關注細節並從細節出發,這樣才能提供讓顧客更為滿意的服務。

第三章 蓄勢待發—機會只眷顧那些有準備的人

第四章
銷售中，永遠遵循 250 定律 ——
不得罪任何一個顧客

第四章 銷售中，永遠遵循 250 定律─不得罪任何一個顧客

每個人的背後都站著 250 個人

將西洋骨牌按照直線排成一列，然後推倒第一塊，其他的就會依次倒下，這就是著名的西洋骨牌效應。與之相似的，還有我們熟知的蝴蝶效應，這二者經常被人們用來形容，某件小事引起的連鎖效應，可能會造成一件重大事件。這個理論同樣適用於銷售行業，而這個連鎖效應則被喬‧吉拉德稱之為「250 定律」。

喬‧吉拉德的 250 定律指的是，在每一個客戶的背後，都大約站著 250 個人，這是與他關係比較親近的人：同事、朋友、親戚、鄰居，假如我們對其中的一個顧客不滿意，就會引起和他有關的 250 個人的不滿意。

關於 250 定律的來歷，並非喬‧吉拉德憑空想像出來的，而是他在生活中透過長期摸索、總結來的，並化用在銷售當中。有一次，喬‧吉拉德的朋友母親去世了，他參加了葬禮。在葬禮上，殯儀館員工為每人分發印有逝者的名字和照片的卡片，發到喬‧吉拉德的時候，他隨口問了一句：「你是怎樣決定印刷多少張這樣的卡片呢？」

殯儀館的員工回答說：「這得靠經驗。剛開始，必須將參加葬禮者的簽名簿開啟數一數才能決定，不過，幹這行時間長了，就能知道每場葬禮的參加者平均人數為 250 個人。」

得到這樣的回答之後，喬‧吉拉德並沒有放在心上，他認為這是葬禮上的偶然罷了，一個人去世後，他生前所認識的全部的人都會來送他最後一程，這是人之常情。不過，對於喬‧吉拉德的這個認知，很快就有人打破了。

此事過去沒多久，另一家殯儀館的員工來向喬‧吉拉德買車。雙方

聊得比較愉快，殯儀館的員工最後就決定從喬‧吉拉德手裡買車。等把所有手續辦妥之後，喬‧吉拉德突然想到自己之前參加的那場葬禮上，那位殯儀館的員工對他說過的結論。為了印證這個結論，他便向前來買車的殯儀館的員工提了個問題：「每次參加葬禮的人，平均數是多少？」

沒想到，這個殯儀館員工毫不猶豫地回答說：「大約 250 人」。

這讓喬‧吉拉德大感驚訝，兩個不同殯儀館的員工以自己多年的工作經驗，向他證實了參加一場葬禮的大約人數的準確性。這時，他的心中對 250 定律已經有了一個模糊的概念，不過，真正使他確定這個法則的是他參加一個朋友的婚禮之後。在婚禮上，喬‧吉拉德向酒店的服務人員問道：「一般來參加婚禮的人數是多少？」那位服務人員幾乎都沒有想，直接告訴他說：「男方差不多是 250 個人，女方也差不多是 250 個人。」

透過以上種種事例，喬‧吉拉德認為這絕對不是巧合，而是規律，他覺得應該把這個規律應用到銷售當中。在一次演講中，他首次向大家介紹了 250 定律。喬‧吉拉德的一個朋友感覺非常興奮，因為他的經驗告訴他，喬‧吉拉德的法則是適用於很多場合的。

喬‧吉拉德的這位朋友是位建築商，他計畫籌建一座會堂，可是會堂要蓋得多大，才能滿足舉辦儀式所需要的空間。因為他是第一次建築會堂，還沒有多少經驗可以借鑑。於是他帶領了一批人開始研究，最終研究的結果是會堂的建築空間大小必須能容納 25 張圓桌，每張桌子坐 10 個人，也就是 250 個人！

朋友的建築經驗高度地契合了喬‧吉拉德的 250 定律，他為此既感覺很有成就感，也開始把這條法則應用到實際銷售當中。喬‧吉拉德認為，如果業務員在一個星期內見到 50 個顧客，如果其中有兩個顧客對我們不滿意，按照 250 定律來推斷，那麼一年下來，就有 5000 個人對我們不滿意。我們得罪了一個顧客，就連帶得罪了他身後的 250 個人，而這

第四章 銷售中，永遠遵循 250 定律—不得罪任何一個顧客

250 個人每個人的身後還站著 250 個人。這將是多麼可怕的一件事。

所以，作為業務員，我們不能夠得罪任何顧客。試想，如果有一個顧客走進我們的店裡，正巧那天我們的情緒不好，沒有讓顧客滿意而歸。當這個顧客回到自己的家裡或者辦公室，把遭遇和家人或者同事提起，那麼他圈子裡的人即便聽到的是轉述，對我們不會產生任何好感，也不會來找我們購買產品了。

當然，要想做到對每位顧客一視同仁確實很難，因為業務員也是普通人，也有七情六慾，誰能保證不會因情緒問題而得罪顧客呢？可即便如此，我們也要善待每一位顧客，因為他們是我們的衣食父母。正如喬·吉拉德所說：「我們談的不是愛情或友誼，我們談的是商業。我不在乎你對自己接觸的顧客有何實際看法，但我認為你對他們的態度是非常重要的。當然，如果你控制不了自己的真實情感，那你就有問題。我們從事的是商業活動，在這裡，一切人包括怪僻的人、卑鄙的人、抽菸斗的人——都有可能掏錢買你的東西。」

所以，在實際銷售中，業務員應該學會調整自己的情緒，即便面對最難纏的顧客，也不要有意地疏遠他，迴避他，而是要動之以情，曉之以理，讓他看到我們的職業素養。即便最後沒能打動他也不要緊，至少我們給他留下了一個良好的印象。

如果遇到一些故意找我們麻煩的顧客，我們要做到既不怕事，也不與之發生摩擦的態度。正所謂「兵來將擋，水來土掩」，只要我們坐得端、走得直，把事實公之於眾，那麼大事就會化小，小事就會化了。我們做到了無可挑剔，那麼顧客即使再無理取鬧，也會變得自討無趣。

當然，這只說了 250 定律的負面影響，任何事情都是相對的，250 定律也有它的正面影響。當業務員能夠讓一位顧客滿意時，也就等於讓他身後的 250 人滿意。口碑相傳，將會有更多人認可我們，也會有更多人

會主動來和我們做生意。

所以，作為業務員，如果不想被250定律打敗的話，就應該利用好250定律，尊重每一位顧客，讓我們的銷售人脈越來越廣，從而建立起良好的口碑，取得銷售上的成功。

第四章 銷售中，永遠遵循 250 定律─不得罪任何一個顧客

怎樣抓住那個「1」

我們是否有這樣的體驗，在購物的時候，只要業務員態度誠懇，就會觸及到我們內心最柔軟的地方，多數情況下會直接選擇付款購買。這就是銷售中最重要的銷售法則之一的「情感行銷」，即準確抓住顧客的情感訴求點進行銷售，這樣多數都能無往不勝。在喬・吉拉德的 250 定律中，首先要抓住 250 個人前面的那 1 個人，因為抓住了這 1 個人，就等於抓住了 250 個人。

喬・吉拉德是感情投資的高手。最廣為熟知的感情銷售故事就是，他送了一位女士一束鮮花，以祝她生日快樂。女士大受感動之餘，立刻決定從喬・吉拉德手裡買車。

在這個故事當中，喬・吉拉德首先做到了付出了真實情感，他覺得該女士是否買車並不重要，只要能給她留下一個好印象，那麼她日後自然會介紹別人來買車。

其次，喬・吉拉德準確地抓住了女士的情感訴求點，即女士過生日。儘管這個情感訴求點簡單到誰都能看出來，但作為業務員的我們，如果聽到顧客過生日，最多不過說一句祝福的話罷了，誰能像喬・吉拉德一樣，專程去為顧客買一束鮮花呢？

天底下不論誰過生日，都希望收到來自親朋好友的祝福和禮物，哪怕禮物是微不足道的，也足以開心好一陣子了。而那位女士收到的卻是一位陌生業務員送的鮮花，可想她該多麼激動和興奮，買車也就成了自然的事情了。

此外，喬・吉拉德的感情牌也不僅限於個人，有時候他會根據顧

客的人數，以及他們之間的關係，靈活地利用情感行銷，促成一筆生意。一次，一位父親帶著女兒來店裡選購車輛，想把它當作女兒的畢業禮物。

經過前期看車、選車之後，女兒終於看中了一輛車，那是一輛比較小巧的雙座車，顏色比較豔麗。可是就在簽單付款的時候，父親卻突然猶豫了，總認為車的外表有些浮誇，說還想帶女兒到別的店看看。喬・吉拉德見到此狀，立刻對那個非常年輕的姑娘說：「你知道嗎？你是天底下最幸福，也是最幸運的女兒了。」

女孩聽他這麼一說，自然要問原因了。

喬・吉拉德說：「你擁有天底下最好的父親，他願意為你買這樣一輛新車，你以後要好好愛戴你父親。你知道嗎？我從小就渴望擁有像他一樣的父親。」

天底下最複雜、最親近的關係莫過於父女。在父女關係中，父親扮演的永遠是一個無所不能強大的角色，他為了女兒可以付出他的一切。而喬・吉拉德短短的幾句話，字字砸在那位父親的心頭，也就是從側面肯定了他是一位偉大的父親。天底下哪位父親不願意得到別人肯定自己是一位合格的父親？那位父親也被這番話感動得熱淚盈眶，立刻簽了單子。

喬・吉拉德說這番話，並不是僅僅因為抓住了那位父親的情感訴求點而信口開河，而是真正出於自己內心情感的真實表達。喬・吉拉德從小家境貧寒，而且還有一個脾氣暴躁的父親。如果說有一個和美的家庭，那麼即使家庭再貧窮也不可怕，而最可怕的是，除了貧窮之外，家也無法成為避風的港灣，這無疑是雪上加霜。

小時候的喬・吉拉德便是後者，他從父親哪裡得不到一點溫暖和愛，父親對他永遠是冷若冰霜以及皮鞭，他每年收到的聖誕禮物，都是慈善

第四章 銷售中,永遠遵循 250 定律—不得罪任何一個顧客

家捐贈來的。在這樣中環境成長的他,希望擁有一位溫暖且慷慨的父親,也在情理之中了。也正是如此,他說出那番真情實意的話,最終才打動了那位父親。

喬‧吉拉德之所以能夠成為情感銷售的高手,除了與他小時候迫切希望得到別人關愛之外,也與他經歷過一次被銷售的經歷有關。曾經有一位人壽保險業務員上門拜訪喬‧吉拉德,並建議他買一份保險。但是還沒等喬‧吉拉德作出回應,他的太太就馬上表示反對。面對拒絕,那位業務員選擇的不是離開,而是直接對喬‧吉拉德說:「您知道的,現在很多人認為買保險就是一種浪費。不過,我還從來沒有見過寡婦抱怨呢!」

業務員的話雖然有些難聽,但卻又是不可否認的事實。人生在世,誰能保證自己一輩子都能順風順水呢?所以,喬‧吉拉德考慮到家人的長遠安全,決定買一份保險。而那位業務員見喬‧吉拉德表現出認可的態度,便適當地停止說話,開始在申請表上填寫數據。

對於業務員來說,沒有什麼經歷是白費的,只要我們能夠像喬‧吉拉德一樣,懂得認真生活、總結經驗,並能把經驗用在銷售中,這樣就能不斷增強自己的銷售能力。在實際中,銷售陷入僵局,我們不妨學習那位保險業務員,從顧客的同伴或者親人身上入手,讓其助我們一臂之力。比如,一位女士看中了一件大衣,她試了又試,很是愛不釋手。可同時,她又不經意間地翻看了幾次價格標籤。顯然,她是嫌價格太貴了。

作為業務員,如果此時仍然把女士作為第一銷售目標,進行不斷勸說,成交與否很難說。可如果我們轉移目標,對女士的先生說:「您太太穿上這件大衣真是太好看了,您看,她的身材多麼纖細!」女士的先生聽了這番話自然十分受用,多數會豪爽地直接為妻子付款。而我們這時就可以對女士說:「你真是太幸福了,有這樣一位先生陪伴在身邊,真是太讓人羨慕了。」簡單的一句話,滿足了這對夫婦的情感訴求,讓他們

成為我們的忠實顧客。

你看，用「情感投資」的方式進行銷售的效果，要遠遠好過於費盡口舌的說辭。因此，作為業務員，我們要能夠在最短時間內，弄明白一位或者幾位顧客的情感需求，然後根據此制定具體的銷售計劃，這樣才有可能打動顧客。只要顧客被打動，那麼我們也就等於得到了250個潛在顧客。

第四章 銷售中，永遠遵循 250 定律—不得罪任何一個顧客

向每一位顧客微笑

微笑，其實是一個很有魅力的動作，如果朋友之間鬧了不愉快，一個微笑，就能化解矛盾；如果一對戀人吵了架，一個微笑，就能重歸就好。同樣，微笑也適用於銷售當中。作為銷售人員，最不能吝嗇的就是微笑，尤其是接待顧客的時候，我們的微笑往往能夠給對方帶來溫暖。很多成功人士指出，微笑是與人交流的最好方式，也是個人禮儀的最佳展現，特別是對業務員而言，微笑尤為重要。

對於喬‧吉拉德而言，他進入業務行列之後，學到的最重要的業務技巧就是微笑。他說：「業務員的臉不只是用來吃東西、清洗、刮鬍子或者化妝。它其實是用來表現上帝賜給人類最大的禮物 —— 微笑。」而在他的辦公室裡，也張貼了一張標語：「我看到有個人臉上沒有微笑，所以我就給了他一個。」儘管喬‧吉拉德不知道這句話出自誰口，但是卻非常欣賞這句話，並把微笑當成自己的必須所具備的。

或許對於沒有感受到微笑的魅力的人來說，總覺得很多人只是誇大了微笑的作用，喬‧吉拉德也不例外，只是有一個女孩讓他對微笑的認知有了新的變化。那時，喬‧吉拉德只有 17 歲，正處於青春年少的懵懂時期，對異性有著異乎尋常的渴望。

有一次，在朋友的介紹下，喬‧吉拉德認識了一個女孩。初見那位女孩，他就開始後悔，恨不得立刻走掉，因為那是他有史以來見過的最醜的女孩。不過，在自我介紹的時候，那個女孩一直保持微笑。就是這個微笑，讓喬‧吉拉德覺得，那天的夜晚都被點亮了。他頓時忽略了那個女孩的長相，只是覺得那個女孩魅力十足。

直到多年之後，那個女孩微笑的樣子，依然深深地存在他的腦海裡。而也就是從那時候起，讓喬‧吉拉德對微笑有了真正的認識，他開始把微笑應用到銷售當中，將其當成強而有力的銷售工具。要知道，微笑能夠給我們帶來 5 大好處。

一、微笑能夠迅速縮短我們和顧客之間的距離，使雙方的心扉開啟；

二、我們向顧客微笑，也會得到顧客的微笑；

三、微笑能夠讓我們更加自信，消除我們的自卑感；

四、天真無邪的笑容能夠輕易地打動人心；

五、微笑可以傳染。

所以，如果在銷售中遇到煩惱的時候，我們不妨嘗試微笑，甚至是哈哈大笑，這是一種很好的情緒宣洩方式。當我們笑過之後，就會發現整個人變得輕鬆起來了。對於那些會利用微笑的人，他們不論從事什麼職業，都會感覺輕鬆異常。

喬‧吉拉德有一個朋友克勞狄歐‧卡羅‧布塔法瓦，他是倫敦著名薩伏依飯店的總經理。這是一家擁有近百年歷史的飯店，規模龐大，上到總統，下到運動員，每天都有各式各樣的人住進來。身為總經理，他每天不僅要接待這些人物，而且還要管理數量龐大的員工。

這些事情加起來千頭萬緒，或許我們認為，這足夠克勞狄歐‧卡羅‧布塔法瓦忙到焦頭爛額了。但是他每天都能夠有條不紊地處理完工作，顯得十分輕鬆，而且別人也從來沒有見過他愁眉苦臉的樣子。很多人十分好奇他是如何做到，每天輕鬆處理那麼多的工作？這個祕密一直等到他接受《紐約時報》的採訪時，才被揭開。原來他解決問題的最常用的方法就是微笑，他說「我的個性就是這樣。用微笑可以避免所有，或至少 90% 問題的發生。」

第四章 銷售中，永遠遵循 250 定律—不得罪任何一個顧客

或許我們會認為克勞狄歐・卡羅・布塔法瓦公布的方法太過簡單，不過是敷衍了事，難道微笑有這麼大的魅力嗎？答案是肯定的。因為他確實掌握了解決問題的最佳辦法，在問題還沒有出現之前，用微笑來避免一切麻煩的發生。因為不論對於誰來說，見到別人微笑，都會不由自主地報以微笑，這就是彼此最好的見面禮。

而在實際銷售中，有的業務員因為目無表情或者一臉嚴肅，導致失去一筆生意的例子屢見不鮮。喬・吉拉德的朋友就曾向他講過一個真實的故事。

幾年前，底特律的科博中心舉辦了一場大型船隻展覽會，前來參觀的人很多，其中包括一個來自中東石油國家的富豪。該富豪在展覽會上看中了一條價值大約為 2000 萬美元的船隻。當他把自己的購買意願告訴一位船隻業務員之後，那位業務員卻冷若冰霜，臉上沒有一點笑容。

富豪見狀，馬上掉頭去找了另一個業務員。這個業務員得知富豪的購買意願後，用微笑和熱情接待了他，這使富豪感覺十分自在。結果，這位業務員順利簽下訂單，拿到了不菲的佣金。事後，富豪對這位業務員說：「我喜歡那些喜歡我的人。你用微笑向我銷售了你。你是這裡唯一讓我感受到對我有歡迎之意的人。」

儘管我們知道，要想達成這樣一筆數額巨大的生意，僅僅依靠微笑是遠遠不夠的，還需要業務員有過硬的專業知識、良好的表達能力，以及產品的品質。這些因素固然重要，但如果我們像第一個業務員一樣的話，即便專業能力很強，也很難成交，因為他在一開始，就用冷淡把顧客讓給了別人。

所以，作為業務員，我們如果用真誠的微笑去對待每位顧客，總有一天會成為最受歡迎的業務員。因為對於顧客來說，他所希望看到的業務員都是積極的、自信的，這樣他才能放輕鬆，然後配合我們達成生意。

因此在生活中，我們應有意識地練習微笑。微笑不是天生具備的素質，即便是喬·吉拉德也要在洗手間裡，對著鏡子練習微笑。所以只要我們肯去練習，就一定能擁有迷人的微笑。

喬·吉拉德就創造更多的微笑，給業務員提了7個建議。它們分別是：

一、即使不想笑，也要試著笑

每個人都有心情沮喪的時候，這個時候，只要是站在顧客面前，即使我們笑不出來，也要努力讓自己笑出來。

有一種方法叫做情緒誘導法，即在心情不好的時候，利用能夠讓我們心情愉快的事情，使我們逐步擺脫沮喪的心情，比如，看一本自己喜歡的書，或是放一首自己喜歡的歌曲等；還有一種是演員經常會用到的方法，叫做記憶提取法，就是把自己過去快樂的情景，從記憶中喚醒，引發微笑。

二、只把積極的想法和別人分享

不要總是把消極的想法掛在嘴邊，這樣是不可能有笑容的。當我們把積極地想法分享給他人時，就會發現別人會被我們的積極想法感染，和我們一起微笑；

三、用整個臉來微笑

迷人的微笑不僅僅是牽動嘴唇，還需要我們用眼睛、鼻子、臉頰來配合。

四、徹底反轉你的愁容

這裡，喬·吉拉德特別提到《我是如何從失敗走向成功的》的作者弗蘭克·貝格，他在年輕的時候是一個憂鬱的人，常常愁眉不展。但是他想要成功，後來他發現，要成功，首先要改變自己的心態，他決定用微

笑來代替「苦瓜臉」。經過長期的練習，他做到了，他也成功了。

五、大聲地笑出來

大聲地笑出來比微笑更具有魅力，當我們想要捧腹大笑時，不要忍著，讓自己笑出聲來。相信每個聽到的人都會被我們感染。

六、培養你的幽默感

幽默感並不意味著一定要會講笑話，同時還可以表現為，當別人和我們開玩笑時，我們能夠一笑置之；當別人對我們報以微笑時，我們也要以微笑回報。

七、不要說「Cheese」，要說「我喜歡你」

在照相館照相的時候，攝影師會讓顧客說「Cheese」，這是為了帶動微笑的嘴型。但是喬・吉拉德發現，說「我喜歡你」這句話會笑得更開心。當我們大聲地和顧客說：「我喜歡你。」相信每一個顧客都會對我們露出微笑。

從現在起，面對我們接待的每一位顧客，我們都要露出微笑，不管他們是否會購買我們的產品，也要讓微笑成為我們的招牌，從而達到吸引顧客的目的。就像喬・吉拉德說的那樣：「微笑吧，當你笑的時候，全世界都在笑。一臉的沮喪是沒有人願意搭理你的。從今天開始，直到你生命結束的那一刻，用心微笑吧！」

小損失換取大利潤

《戰國策》有句話說「將欲取之，必先予之」，意思是說，要想從對方那裡奪取什麼，就得先付出些什麼。如果把這句話應用銷售行業當中的話，意思就是，業務員要想從顧客那裡獲得佣金，就必須先給顧客一些好處。因為天下所有顧客在購物的時候，都有同樣一個心理——花最少的錢，買到最好的產品。

對於顧客這一購買心理，喬‧吉拉德把握得十分到位，並總結出，作為業務員，不要害怕被顧客「占便宜」，因為偶然一次吃虧在將來會帶來意想不到的收穫。在他看來，如果碰到一位重要顧客，那麼他會選擇放棄佣金，甚至還會自掏腰包補償經銷商，然後做成這筆生意。

很多業務員對喬‧吉拉德這一做法並不理解，認為這樣做自己豈不是虧大了？但喬‧吉拉德也想出了應對之策。他與經銷商簽訂了一個協定，如果他認為某位顧客很重要，那麼他願意用自己的錢來補償經銷商的損失，然後低價把車賣給顧客。

這種情況雖然很少出現，但喬‧吉拉德認為自己遭受一次損失也是值得的，在他看來，作為業務員要有一個長遠的目光，對於一個手裡有深厚資源的顧客，要先主動給他嘗些甜頭，並和他成為朋友，在不久的將來，這個擁有優質資源的顧客，帶來的將是無數潛在顧客。

那麼，究竟是怎樣一位顧客，值得喬‧吉拉德甘願付出如此大的代價呢？

這位顧客就是一家規模很大的雪佛蘭汽車零件廠的工會主席。作為雪佛蘭零件生產廠主席，他必然會開雪佛蘭汽車上下班，如果選擇其他

第四章 銷售中，永遠遵循 250 定律—不得罪任何一個顧客

汽車，一定會遭到別人的質疑和嘲笑。在這樣的環境中，雪佛蘭成了他購買新車的不二選擇。

而在打電話給喬·吉拉德之前，他心裡對自己要買的車已經非常了解，並且也拿到了其他業務員給出的相當低廉的報價。而他之所以給喬·吉拉德打電話，就是想再進行一次價格比對，然後決定從哪家店買車。

喬·吉拉德深知，面對這樣的顧客，最忌諱的就是不停地周旋，這可能會導致對方直接掛掉電話。所以，他當機立斷和汽車經銷商商量出一個優質的低價，然後告之顧客。顧客果然很快就答應了下來，因為他知道，喬·吉拉德給出的報價已經是極限，而且很可能要虧本。

當顧客來店裡的時候，喬·吉拉德也沒有再多費口舌，希望顧客在報價上再增加一些，而是直接選擇與顧客簽下合約，讓顧客把車開走了。

從表面上看，喬·吉拉德雖然要倒貼給經銷商一部分損失，但他卻獲得了一位非常優質的介紹人。這位顧客作為雪佛蘭零件工廠的主席，在工廠內有一定話語權，他會不斷地告訴身邊的同事，自己從喬·吉拉德那裡，以最低的價格，買到了高品質的汽車。這在無形中就把喬·吉拉德介紹給了工廠裡的其他人。

除了在工廠，這位顧客一定還會在其他不同場合，和別人談論自己怎樣買到的便宜汽車。不論怎麼說，這位顧客永遠不會忘記，自己從喬·吉拉德這裡獲得的低價優惠和令人愉快的服務，出於感激或者其他的任何原因，他都會介紹其他的人到喬·吉拉德那裡購買汽車。如此一來，喬·吉拉德最後的收益會遠遠大於因為這筆生意而造成的損失。

對於業務員來說，有時候得到的，並不是真正的得到；失去的，也並不是真正的失去。就像喬·吉拉德一樣，他失去的僅僅是短期的損失，而因此獲得的是長期的利益。

所以，作為業務員，我們不能把目光永遠盯在眼前的利益，如果有必要，我們不妨暫時讓利顧客，將其發展成 250 定律中的第一個人。

第四章 銷售中，永遠遵循 250 定律—不得罪任何一個顧客

強行銷售就是拒絕顧客

有這樣一個故事：有個虔誠的天主教母親有一個 35 歲的女兒，為了盡快將女兒嫁出去，她真是操碎了心。後來，女兒好不容易談了場戀愛，就在快要步入婚姻殿堂之時，母親卻又因女婿是新教徒而愁眉不展。於是，她對女兒說：「你一定要讓他改信天主教，一定要讓他和你一起做彌撒。」

女兒答應了母親的要求。幾個月之後，女兒就跑回來向母親哭訴說：「我要離婚了！」

母親大驚失色地問道：「怎麼了？你們小倆口不是過得挺好嗎？再說了，你不是還勸說他改信天主教了嗎？」

女兒回答說：「是啊，就是因為我勸說太成功了，他現在不僅改信天主教，而且還要去當神父了！」

如果從銷售角度解讀這個故事的話，這顯然就是一場強行銷售所帶來的惡果。而在實際生活中，這樣的例子屢見不鮮。現在有很多商業繁華區的專賣店就存在著強行銷售的情況，當顧客剛進入店鋪之後，業務員們一擁而上，張口就問需要什麼，顧客連把整個店逛一圈的機會都沒有。在這樣的情況下，顧客打算仔細逛逛的心情蕩然無存，就會立刻轉身離去。

還有一種情況是，當顧客看中某件商品之後，卻因商品的顏色開始猶豫，而恰巧店裡沒有他喜歡的商品顏色。此時，業務員不是想辦法調取顧客喜歡顏色的商品，而是開始喋喋不休說服顧客購買。毫無疑問，這會引起顧客的反感，因為他會認為業務員只考慮自己的利益，卻毫不

顧忌自己的感受，自然會拒絕購買。

以上這兩種情況，是作為業務員進行銷售的最大忌諱，因為強行銷售不僅意味著拒絕顧客，而且即使強行銷售成功，我們會為此付出更大的代價！試想，作為被強行銷售的顧客，他買了一件自己不喜歡的商品，必然會惱怒萬分，以後只要有機會，他就會和別人說業務員的不是。如此一來，誰還願意到我們這裡買東西呢？

那麼問題是，為何有的業務員總喜歡強行銷售而不自知呢？喬‧吉拉德認為原因之一，就是他們害怕被顧客拒絕。業務員在見顧客第一面之後，總想拿下訂單，再加上擔心被顧客拒絕，所以不免有些緊張。這時，業務員就會說個不停，即使顧客已經有了購買慾望，但他還會錯誤地認為，越是在成交的最後關頭，越是關鍵，因為很多訂單都是在最後關頭失去了。

但是，可悲的是，如果業務員不及時停止說話，那麼顧客就會開始懷疑業務員，也開始猶豫自己是否該購買。因為他覺得，我已經決定購買了，為什麼業務員還是不停地向我銷售，難道是在刻意隱瞞什麼嗎？一旦顧客產生這樣的想法，成交的機會就會變得渺茫了。

那麼，業務員究竟怎樣才能有意識地避免強行銷售，而又讓顧客輕鬆地達成成交呢？在喬‧吉拉德看來，要想解決這個問題，就要站在顧客的角度考慮他們的購買感受。

一般來說，多數顧客購買產品，只會關注產品本身的功能、品質以及價格，而非產品知識。但是有很多業務員卻認為有必要讓顧客了解產品的原理和特色，於是他們開始喋喋不休地向顧客展示他們的專業知識。想想看，如果一個電腦業務員不停地對顧客灌輸電腦的專業術語，那麼顧客是否會感到厭煩？業務員要明白，銷售場合併非培訓場合，業務員的終極目的是把產品賣出去，而並不是把顧客培訓成某方面的專家。

第四章 銷售中，永遠遵循 250 定律─不得罪任何一個顧客

喬‧吉拉德認為，太多的專業知識非但不能幫你爭取到顧客的訂單，反而會稀釋銷售成果。當然，喬‧吉拉德的意思是，並不是我們不該成為某銷售領域的專家，相反應該是，對自己產品的知識和相關資訊要爛熟於胸。

需要注意的是，掌握專業知識是一回事，能夠因人而異運用是另一回事。在面對不同顧客的時候，業務員需要根據他們的職業不同，判斷出應該給顧客提供多少專業數據。比如，如果面對的顧客是一位電腦工程師，那麼我們為其提供的專業數據，絕對要比職員要多。

因為對於精通電腦的人來說，除了在意電腦本身的品質和價格之外，往往會對將要購買的電腦所應用的新技術十分感興趣，這時，如果業務員的專業知識儲備量足夠的話，就可以和顧客進行深入的技術交流。這樣多數都能與顧客輕鬆愉快地達成成交。

還有一種特殊情況，要求業務員必須向顧客展示產品數據，比如一些高風險的產品。為了避免顧客產生厭煩，我們可以在成交之後，對顧客說，有一件很重要事情務必讓您知道。這時，因為已經成交，所以可以簡明扼要地為顧客提供一些數據資訊，以盡到業務員的責任。

此外，喬‧吉拉德認為，當你要求顧客在訂單上簽字後，先沉默一段時間，不要因為這是商談，你就覺得不該有冷場。給顧客足夠的時間考慮他的決定，不要打斷他的思緒。

因為對於大部分顧客來說，他們對業務員的認知就是喋喋不休、能言善辯的，其實對於業務員來說，太過能說並不見得是件好事。最高明的沉默是在我們向顧客做完產品介紹後，這時候的沉默是留時間給顧客，讓顧客發表對產品的看法和見解，這時，顧客或多或少都會談到關於產品的一些話題。

沉默最不適宜的時候，就是在業務員剛剛接觸到顧客的時候，這個

時候應該是業務員說話的時候。如果業務員在這個時候保持了沉默，那麼就會使雙方的談話陷入僵局。因此，在剛接觸顧客的時候，要由業務員說話來開啟局面，接著在介紹產品的時候，最好是多用事實來說話，業務員不要做太多的語言渲染，有時會引起顧客懷疑是否屬實的想法。同時，在介紹產品的過程中，可以引導顧客參與進來，這樣可以經過交流知道更多顧客的看法。當顧客發表看法時，我們要認真聽，等顧客說完了，我們再接著說。

　　同時，沉默還有另外一個優點就是，能夠讓我們有時間思考自己下面的話怎麼進行，也想一下之前所說的話有沒有什麼不妥之處，以便在下面的談話中進行補救。

　　總之，如果讓顧客感覺我們的銷售行為不是在強行銷售，那麼就要在銷售過程中，根據顧客的興趣制定不同的銷售展示，過濾掉沒有必要的銷售內容，並在適當的時候保持沉默。如此一來，我們才會避免因得罪一個顧客，而得罪他背後的 250 個潛在顧客。

第四章 銷售中，永遠遵循 250 定律—不得罪任何一個顧客

未成交的顧客也很重要

當下很多業務員只看重一些潛在顧客和老顧客，經常保持聯繫的也是這兩類顧客，而對於沒有成交的顧客，他們的態度卻十分冷淡，認為未成交的顧客再也沒有成交的機會。

其實，這種想法是錯誤的。對於喬‧吉拉德而言，不論是誰，在他眼裡都可以成為潛在顧客。每當看到自己的同事輕易放走一個未成交的顧客，喬‧吉拉德都覺得十分惋惜。於是，他和同事協商，付給對方 10 美元，只要求自己能與未成交的顧客談一談。

經過深入交談，喬‧吉拉德有了一個有趣的發現，很多沒有與業務員達成成交的顧客，並不是沒有購買的意願，只是很多時候，業務員沒有發現或者無法滿足顧客的真正需求。這才是真正沒有成交的原因。

有了這個發現之後，喬‧吉拉德開始想辦法與那些沒有成交的顧客再次達成成交。因此，那些與同事沒有成交的顧客，到了喬‧吉拉德這裡，反倒是一筆筆成交。這讓他的同事特別嫉妒，他們再也不願意把沒有成交的顧客，以 10 美元的價格轉讓給喬‧吉拉德。因為僅僅是談一談，喬‧吉拉德從這些未成交顧客身上賺到的佣金，遠遠高於給他們的 10 美金。

最後，喬‧吉拉德不得不中止與同事的協定。不過，這個偶然的嘗試，卻為他上了生動的一課，讓他意識到，沒有成交的顧客，也是潛在顧客。而業務員要做的，就是反省自己之前與顧客的溝通是否存在偏差，重新尋找顧客的真正需求。

一旦清除顧客的購買障礙之後，他們會選擇立刻購買。如果我們在與顧客第一次成交失敗之後，就不再與顧客聯繫，那麼當顧客想要繼續

購買的時候，就可能會到我們競爭對手那裡去買，我們也就損失了一個潛在顧客。

顧客之所以沒有和我們成交，除了需求沒有得到滿足這個可能性外，還有可能是因為顧客對我們的公司，以及業務員抱有成見。因此，透過適當且禮貌的聯繫，是可以消除並扭轉顧客這一觀念的。反之，如果選擇放棄，就等於失去了改變他們觀念的機會，誤會一直存在我們與顧客之間，這樣一來，顧客絕對不會再向我們購買產品。

現在，我們知道了未成交顧客的重要性，與他們繼續聯繫，目的就在於最後的成交，在今後的銷售過程中，要重視起未成交的顧客。因此，還需要我們遵守4項原則。

一、不是所有的未成交顧客都值得我們保持聯繫

沒有與我們成交的顧客千千萬萬，如果我們每一個都去爭取的話，必然會浪費大量時間和精力。因此，這就需要業務員對未成交的顧客進行鑑別，哪些是還有希望促成成交的，哪些是希望比較渺茫的。確定了值得發展的對象之後，我們再投入時間與精力，要比從一開始就眉毛鬍子一把抓有效率。

二、建立關係從第一次交易失敗開始

機會不是每時每刻都有，與未成交顧客聯繫最好的時機就是在初次交易失敗之後，打鐵要趁熱，銷售也是如此，要在顧客依然有購買需求的情況下，繼續與他們保持聯繫。如果再等些日子，他們可能已經失去了購買慾望，或是已經在別處購買了產品。

三、切莫急於求成

發展未成交的顧客需要一個過程，因為他們並不是不從一開始就對我們的產品十分滿意。因此在與顧客保持聯繫的過程中要有耐心，不要

第四章 銷售中，永遠遵循 250 定律—不得罪任何一個顧客

一開始就催促購買，這樣只會加劇對方的抗拒心理。在與顧客聯繫的初期，業務員應該把精力用在和顧客保持聯繫、建立感情和搜集數據上。萬事俱備之後，再促成交易的形成也不晚。

四、向顧客問清沒有初次購買的原因。

要想促成顧客第二次購買，業務員首先要做的就是，向顧客請教他第一次沒有購買的原因。只要態度誠懇，顧客都會和盤托出。根據此，我們就可以改變銷售策略，積極引導顧客進行第二次購買。另外，經常總結失敗的經驗，可以有效提高我們的成交機率。

對於一個成功的業務員來說，未成交的顧客就是潛在顧客，潛在顧客就是準顧客，而準顧客就會成為他的老顧客。所以，作為業務員，應該把沒有成交的顧客當成潛在顧客，這樣也就等於抓住了提高銷售業績的機會。

第五章
掌握拜訪的技巧——
通向成功之門由此開啟

第五章 掌握拜訪的技巧—通向成功之門由此開啟

尋找潛在顧客

作為業務員，我們可能有這樣的經歷，在大街上經常可以接到一些廣告宣傳單。對於這些宣傳單，我們的處理方法可能是，大致瀏覽一下便扔到垃圾桶裡。還有一種是，我們的手機也會收到一些宣傳銷售的資訊。

面對這兩種情況，我們多數會對千篇一律的銷售內容一笑而過，但如果看到稍微有誠意的銷售內容的話，還是會認真把它讀完。

這給業務員帶來的啟發有兩點，一是隻要用心去做，任何宣傳工具都可以吸引來潛在顧客；二是，只有不停地去做，才能找到潛在顧客。喬·吉拉德曾形象地將銷售，比作成轉動的摩天輪，工作人員每次讓一個人坐上去，讓輪子往前轉一點，然後再讓人上去，直到原來的一批人全下來，而另外一批人全坐滿。然後，他讓輪子轉一陣再停下來，又重複同樣的程式。

在他看來，良好的銷售和填滿摩天輪的座椅是一樣的。摩天輪一直在慢慢地轉，這樣有的人——已與業務員成交的人，可以下去一陣子，而其他人，還沒有達成成交的人可以坐上去。當他們坐在摩天輪椅上轉了一圈之後，他們已經準備購買產品了，於是他們在購買之後便離開了座位，而另外一批人又會上去坐一陣子。

確實，只要持續不停地讓顧客坐上「銷售摩天輪」，那麼我們的銷售就會進入一個良好的循環狀態，成交也會持續不斷。那麼，如何讓顧客坐上我們的「銷售摩天輪」呢？喬·吉拉德的做法之一是打電話。

儘管我們知道，當下社會電話銷售氾濫成災，很多顧客接到銷售電

話，還沒等業務員說明來由，便結束通話了。根據此，我們也會認為電話銷售簡直是愚蠢透頂的銷售行為，它帶給我們的打擊，遠遠超過它帶給我們的顧客。

不管電話銷售在我們眼中如何不堪，但不可否認的是，它也確實能帶來顧客，而我們要想讓「銷售摩天輪」坐滿顧客，需要做的就是保持耐心以及掌握電話銷售的話術。

對於電話銷售，作為銷售大師的喬‧吉拉德也認為並非每個電話，都能找到潛在顧客。有時候，他打一天電話只能收穫一個顧客，但這對他來說已經足夠了。有一天上午，喬‧吉拉德拿到一個名叫史蒂芬的電話並打了過去，接電話的是一位女士，他說：「葛太太，您好！我是雪弗蘭公司的喬‧吉拉德，您訂購的汽車已經準備好了，您可以隨時過來開走它。」

「先生，您可能打錯了，我沒有訂購新車。」那位太太回答說。

「您肯定嗎？」喬‧吉拉德問道，「您這裡是葛克萊先生的家嗎？」

「不是，我先生是史蒂芬。」對方回答說。

喬‧吉拉德之所以故意將對方的名字搞錯，意在給對方一個糾正的機會，這樣她就不會立刻掛掉電話，並對之後的談話產生興趣。於是他接著說：「很抱歉，史蒂芬夫人，一大早就打擾您了。你是否需要買輛新車？」這時，那位太太回答說暫時不考慮買車，但她還是不太確定，得徵求一下丈夫的意見。於是，喬‧吉拉德又得到了她丈夫的下班時間，並準時打了過去，得知對方在6個月之後，計畫買一輛新車。

之後，喬‧吉拉德會將透過電話得到關於顧客的一切資訊，包括家庭住址、家庭狀況以及喜歡的車型等等記錄下來，並妥善保管。等到6個月之後，再給顧客打電話並誠懇勸他買一輛新車。

第五章 掌握拜訪的技巧—通向成功之門由此開啟

　　從幾分鐘的交談中，喬·吉拉德雖然獲得了重要資訊，但有時候並不意味著就可以坐等成交了。因為在 6 個月這麼長的期限中，很有可能會出現變數。如果到時候顧客因為種種原因不會購買新車，但喬·吉拉德也不會為此感到沮喪，他會馬上和對方打聽，身邊是否還有需要購買新車的朋友。最後，他不僅收穫了對方的友誼，而且也得到了其他潛在顧客的聯繫方式。

　　確實，電話銷售就得廣撒網，即便和顧客沒有成交也不要緊，不妨像喬·吉拉德一樣轉換思路，從顧客身上得到其他有價值顧客的聯繫方式，做好記錄，並定期打訪問電話。另外，業務員還可以透過人際連鎖效應法來尋找潛在顧客。

　　這一方法就是透過已有顧客來挖掘潛在顧客，這裡造成關鍵作用的就是老顧客。每一個人身後都站著 250 個人，老顧客是我們可以充分利用的資源，因此，一定不能忽略老顧客，時常和他們保持聯繫，讓他們幫自己介紹一些朋友來購買產品。

　　除了老顧客，還有可以利用的就是我們自己的朋友和家人。有人曾經問喬·吉拉德潛在顧客的名單從哪裡找，喬·吉拉德指著他的電話簿問道：「這裡面的人都知道你在銷售什麼嗎？你有多久沒有打電話給他們了？」電話簿上家人和朋友的電話，就是我們潛在顧客的名單。

　　除了這些，業務員還有一個尋找潛在顧客的最佳地方——購物場所。對於每個人來說，都需要不定期地購買一些生活用品，以及出行工具。作為業務員，不論我們銷售的商品是什麼，都可以在購物的時候挖掘潛在顧客。比如，我們是服裝業務員，如果在超市購物的話，不妨順帶告訴對方自己的職業，並邀請對方來購買衣服。

　　因為我們先買產品在先，對方對於我們的自我銷售，自然不會有任何排斥心理。一旦有一天，對方在逛街的時候，恰巧路過我們的店，必

然會進來逛一逛，這樣便有可能達成一筆生意。

所以，作為業務員，一定要把我們購物的店家列在顧客名單上，並定期檢視這些名單，看看我們買了誰的產品。了解這些之後，我們就要明白，也是該讓對方買我們產品的時候了。此外，如果與我們成交的是一位陌生顧客，我們務必要問清楚對方的職業，如果他也是業務員，而我們恰好也有購買對方銷售產品的需求，不妨特意去對方那裡購買，並真誠地感謝他購買我們的產品。這樣一來，對方就自然會成為我們的老顧客了。

總之，作為業務員，所處的城市人口眾多，處處都是潛在顧客，只要我們肯努力，方法得當，終有一天會讓我們的銷售摩天輪不斷坐滿顧客的。

第五章 掌握拜訪的技巧—通向成功之門由此開啟

全面了解，約見對象

很多人羨慕那些與一些重要顧客侃侃而談的業務員，他們風趣幽默，能夠與顧客巧妙周旋，從來不會出現冷場，好像他們一出面，沒有搞不定的顧客。這就是一個成功業務員的氣場，要想擁有這種強大的氣場，除了在實際銷售中不斷鍛鍊之外，還需要在面見顧客之前，要全面了解掌握顧客的所有情況。

有時候，我們只是看到了別人表面的成功，卻從來沒有想過他在背後付出的努力。比如喬‧吉拉德，他之所以能夠成為世界級業務員，是與他的努力分不開的。

在正式見顧客之前，喬‧吉拉德會搜集關於客戶的一切數據，同時他還會在腦海中想像自己和顧客見面的情景，如此反覆演練之後，他才會去見顧客。喬‧吉拉德認為，在見顧客之前要完全摸清對方的情況，這樣在見面之後，才能像老朋友一樣熟悉。從這一點上看，業務員和演員有一定的相似之處，在見顧客之前，先背好台詞，經過多次的排練之後，才能夠站在舞台上。

要做到對顧客的了解，就像喬‧吉拉德了解的一樣透澈，是需要付出很多時間和精力的。通常情況下，對於地位比較高的顧客，我們要想第一次約見成功的機率並不大。因此，就需要業務員事先制定出計畫，從顧客身邊的人入手，向對方打聽顧客的工作生活規律，並透過對方得到和顧客見面的機會。

在確認了我們要約見的顧客之後，接下來就應該對顧客進行分析研究，準確地把握他們的各種情況，真正做到全盤掌握。這裡經常會用

到的辦法就是，認真細緻地做好顧客情況的調查，掌握顧客的第一手數據。

業務員可以從顧客身邊的朋友入手，多方打聽，就能夠知道他都有些什麼愛好，從而尋找和顧客的共同語言。喬‧吉拉德中肯地指出，如果我們想要把東西賣給某人，就要盡自己的力量去收集他與你生意有關的情報。

有這樣一個故事：佩恩是美國一家藥品公司的採購總裁，也是許多業務員爭相拜訪的對象。但是自始至終都沒有哪個業務員能夠打動他。當大家都在絞盡腦汁地想辦法見佩恩一面的時候，卻發現一個名叫傑克的業務員已經捷足先登了。

數月以後，其他業務員才知道傑克成功約見佩恩的原因。原來，傑克透過不斷認識佩恩的朋友，終於得知佩恩生平最大的愛好就是下圍棋。

為了能夠和佩恩建立友好的關係，傑克特意去學習了圍棋，並努力提高自己的棋藝。他正是透過這個愛好，成功約見了佩恩，並最終成功地拿到了訂單。

所以說，不管業務員銷售的是什麼產品，如果我們肯多花一些時間去研究顧客，然後做好準備，最終一定能夠打動顧客，成功將產品銷售出去。

需要注意的是，要做到全面了解顧客，僅僅是依靠大腦去記憶是不行的，假設每天業務員要見兩個準顧客，一個月下來就是 60 個，一個月我們就要記住所有顧客的興趣、愛好、需求甚至是他們的家庭狀況。如果僅僅是依靠腦力來記憶，就會出現遺忘或者差錯。因此，我們可以效仿喬‧吉拉德的做法，給每一個顧客「存檔」。

第五章 掌握拜訪的技巧—通向成功之門由此開啟

剛進入業務行列的時候，喬‧吉拉德只是把顧客的數據隨手寫在一個紙條上，然後就隨手塞進抽屜裡。後來因為缺乏整理，有幾次竟然忘記了追蹤一位顧客。這時，他才開始意識到建立顧客檔案的重要性。於是他專門去買了筆記本和一個小小的卡片夾，把之前寫在紙上的數據做成了記錄。在每一張顧客卡片上，他都記載著有關顧客和潛在顧客的所有數據，包括：顧客的年齡、妻子、孩子、嗜好、學歷、職務、成就、教育背景甚至是顧客旅行過的地方，只要是和顧客有關係的，都在他的記錄範圍之內。

每次要見顧客之前，這些數據就成了喬‧吉拉德事先預習的課程。見到顧客以後，他就會圍繞這些話題與顧客開始談話，只要能夠讓顧客感到心情舒暢，那麼銷售的過程就會很順利。喬‧吉拉德認為，每一個業務員都應該像一台機器，具有答錄機和電腦的功能，在和顧客交往的過程中，將顧客所說的有用資訊全部記錄下來。

對於每一位業務員來說，顧客就是我們的衣食父母，因此我們應該細緻深入地去了解、掌握他們的各種情況，真正做到全盤把握、心中有數，這樣與顧客見面之後，才會有話可談，進而贏得對方好感，增加成交機率。

滿足自尊，讓顧客找到存在感

對於每個人來說，都有自尊心。一個自尊心強的人，也是比較敏感之人，他們往往懂得察言觀色，絕對不會做出有傷別人自尊的事情。同時，他們也渴望得到別人的尊重。

關於自尊，有多年銷售經驗的喬·吉拉德認為，只要滿足顧客的自尊，就等於滿足了顧客的存在感，顧客會覺得自己很重要，這樣就能增加成交的可能性。而他本人也喜歡和一些自尊心強的人做生意，因為自尊心強的人相信自己，也願意冒險，他們能果斷地做決定。反之，自尊心不強的人總是不願意冒險的。由於擔心自己會犯錯，在購買昂貴物品時他們舉棋不定。

其實，除了汽車行業，滿足自尊，讓顧客感到自己很重要，這條業務技巧可以適用於任何行業，因為不論哪個行業的從業者，都需要將自己銷售出去，從而贏得顧客的信賴。喬·吉拉德有一個作家朋友，就是一個透過充分滿足顧客的自尊心，從而贏得優厚的稿費。

這位朋友專門替一些企業家代筆寫傳記，有多年的寫作經驗，很多企業家有出書的意願，一般都會找到他。透過與形形色色的企業家打交道，他總結出，這些企業家都有一個共同的特點，那就是自尊心很強。但有時候他們許諾的稿酬標準遠遠低於這位朋友的心目中的價位。

剛開始，這位朋友認為這些企業家不懂得作家的難處，他們在寫作過程中，得需要參考大量數據，並且還要篩選出有用的素材，然後才能開始動筆寫作。其中付出的艱辛，不了解者根本無法體會。可是那些企業家多數出身草莽，認為寫作是一份相當輕鬆的工作，不就是每天坐在

第五章 掌握拜訪的技巧—通向成功之門由此開啟

辦公室裡,寫寫字嘛,有什麼可難的!

於是,這位朋友開始據理力爭,不止一遍地向企業家講述自己在寫作過程中遇到的種種困難,目的僅僅是希望他們能夠提高稿酬標準。可是,企業家們相當固執己見,很難讓他們鬆口讓步。最後,雙方就不歡而散。

儘管文人清高是不分國界的,但誰都不願意自己的業務因此受到影響,也包括這位朋友。後來,這位朋友開始反思,用什麼辦法既能讓企業家提高稿酬標準,又能避免大家撕破臉面呢?

答案是給對方足夠的尊重。這位朋友下次與某位企業家會面之前,都會詳細收集他的背景數據。正式見面之後,隨著談話展開,企業家會為他知道關於自己大量的故事而感到很高興,自尊心得到了極大的滿足。

然而,這位朋友還不滿足於此,在談話過程中,他會拿出一個筆記本,如果聽到好的素材,他就會立刻記下來。一方面,他確實是為了收集素材,另一方面,他也在暗示顧客,我很尊重你,你對我來說很重要。

結果不言自明,當談話愉快地結束後,這位朋友不僅拿到了為企業家書寫傳記的權利,同時稿酬也達到了他心裡的標準。

不難看出,喬・吉拉德的這位作家朋友,不僅擁有寫作才華,而且還是一個出色的業務員。儘管他的銷售經驗也是透過克服種種困難得來的,但這帶給業務員的啟示是,我們可以透過滿足顧客的自尊心,來達到成交的目的。喬・吉拉德認為,如果業務員能善用這種技巧,很少有顧客會不受其影響。

有這樣一個真實的案例。一位賣偵測器材的女業務員去拜訪一家企

業的主管，互相問過好之後，這位業務員沒有馬上介紹自己所銷售的產品，而是說：「我曾經拜訪過一些優秀企業的主管，所以我知道像您這樣的主管，需要您親自處理的事情很多，而您的時間確實非常寶貴。」

主管聽了這話，十分受用，內心開始不再排斥這位業務員，但還是矜持地點了點頭，表示贊同她說的話。

業務員繼續說：「我知道您時間寶貴，所以我提前做了準備，已經將一切手續準備好了，只等您簽個字就可以了。」

主管點了點頭，顯然對女業務員的服務比較滿意，不過，他告訴女業務員，下午他要去外地出差三天，所以要求女業務員給他一份說明書，以便他在飛機上看。

女業務員並沒有受主管強勢的影響，而是說：「我知道您出差有重要的事情，不過在我看來，像購買偵測器材這樣相對次要的事情，您是沒有必要，也沒有時間去想的。所以，我向您保證，您出差的途中，我就開始啟動訂貨程序，等您回來的時候，肯定就能用上這批機器了。」

主管終於在訂單上簽了字，女業務員成功拿到了這筆訂單。

這位女業務員之所以能夠拿下這筆訂單，是因為她事先做了充分準備，包括如何透過銷售語言，來建立並滿足主管的自我。

可見，透過滿足顧客的自尊心來達到成交的目的，也是很有效的銷售手段。因為不論對於誰來說，都希望從別人那裡得到肯定和讚美，以滿足自己的自尊。很多人很享受自尊心得到滿足的感覺，因為這會激起無限的自信，覺得自己是很重要的，這無疑是一種強大的能量。

所以，作為業務員，除了要明白給予顧客足夠自尊的重要性之外，還要注意方式方法，否則，一旦說錯話就會引來顧客反感。首先，滿足顧客的自尊，首先要了解顧客的職業、性格，這樣才能有針對性地說一

第五章 掌握拜訪的技巧—通向成功之門由此開啟

些滿足顧客自我的話，讓顧客聽起來也很受用，從而避免讓顧客產生業務員油嘴滑舌的不良印象。

比如，房仲業務員面對的是一位普通顧客，當我們發現對方實在沒有明顯的長處時，業務員可以先問對方：「您之前一共搬過幾次家？」要知道，多數人在生活中，或多或少都會有幾次，甚至是十幾次搬家經歷。

當得知顧客的搬家次數之後，我們可以這樣說：「您可是一個搬家行家啊！您知道嗎？和那些沒有搬家經驗而且妻子不在就不敢做決定的人相比，您就厲害多了！」

不要覺得這種讚美很浮誇，但在顧客聽來，即使一些微不足道的優勢得到別人的肯定，他的自尊心也會得到滿足。此外，業務員還可以根據性別以及年齡不同，用不同的話術來滿足顧客的自尊。比如，業務員遇到一位比較強勢的女顧客，我們就可以對她說：「作為男性，我很欣賞像您這樣的女強人，她們有能力也勇於做出自己的決定。」

如果業務員遇到比自己年長的顧客，那麼我們就利用自己年輕的優勢，和對方說：「我很願意和您這樣既有閱歷也有決定能力的人做生意。您知道，現在很多年輕人，一遇到大事需要他們拿主意的時候，他們就不知道該怎麼辦。」

總而言之，自尊心是不分年齡，也不分職業和地位的，作為業務員，要想在第一時間裡贏得顧客的好感，使談話得到進一步深入，就要提前準備好相關話術，如此一來，才能把話說到點子上，讓顧客感覺自己很重要。

制定訪問計畫

　　能夠讓業務員在拜訪顧客的過程中，始終自信滿滿、胸有成竹的原因是什麼呢？喬·吉拉德對此的回答是：「一份詳細的顧客訪問計畫。」

　　在拜訪顧客之前，就做好一份詳細的顧客訪問計畫，這是促進拜訪成功的重要條件，也是許多成功業務員的祕訣之一。喬·吉拉德平均每星期要花上一半的時間用來做計畫，每天要花至少一個小時的時間來做準備工作，在沒有做好準備之前，他是絕對不會出發的。喬·吉拉德認為，毫無準備就走進顧客的辦公室不僅沒有禮貌，而且當業務員走進去的時候，就會覺得心煩、焦躁還有罪惡感。甚至還會有失控的感覺，因為你先被自己擊敗了。

　　所以，為了慎重起見，也為了讓我們的訪問工作更加順利，就在拜訪顧客之前先定一份計畫吧。既然是計畫，就要把各方面的因素都考慮到，因此，制定訪問計畫並不是一件簡單的事情。想要做好訪問計畫，就需要我們事先對顧客進行調查，而且還要根據顧客的不同列出不同的方案，這樣才能做到萬無一失，不會被突發的狀況打亂手腳。制定訪問計畫，還需要考慮到一些必要的因素。

　　首先，業務員要為自己的訪問找一個充分的理由，這樣就不會被顧客輕易地拒絕。

　　業務員在訪問顧客的時候，需要選擇不同的理由，不要每一次都是同一個理由，或者是對每一個人都是同樣的理由。選擇不同的事由，能夠適應不同顧客的心理要求；充分尊重顧客的意願，以便能與顧客達成長期合作。一般情況下，常見的拜訪事由有如下幾種：

第五章 掌握拜訪的技巧—通向成功之門由此開啟

1. 提供服務；2. 市場調查；3. 正式銷售；4. 簽訂合約；5. 收取貨款。

其次，在拜訪時間的安排上，要根據顧客的時間來確定。

通常情況下，對於時間的掌握，業務員是沒有主動權的，顧客會根據自己的時間安排來選擇讓業務員拜訪的時間，對於這段時間的利用，業務員需要掌握以下幾點：

一、根據顧客的特點來選擇拜訪的時間

為了方便顧客，拜訪的時間最好由顧客決定，業務員要做到準時赴約。

如果顧客讓業務員自己來選定時間，為了能夠取得較好的效果，業務員應選擇在顧客最需要的時候進行拜訪。同時，要了解顧客的起居習慣，不要在顧客休息的時候進行拜訪，只有顧客最空閒的時候，才是最佳的拜訪時間。

最後，業務員要做到珍惜時間，不管是自己的時間，還是顧客的時間，都是十分寶貴的，因此要合理安排拜訪時間，不要因為時機選擇不當，而浪費了時間。

二、根據自己的拜訪事由，選擇合適的時間

如果業務員是以正式銷售為事由的話，就應該選擇有利達成交易的時間進行拜訪；如果是以市場調查作為拜訪事由，應選擇市場行情變化較大的時候作為拜訪的時間；如果是以提供服務為事由，就應該由顧客來選擇時間進行拜訪；如果是以收取貨款為拜訪事由，就要對顧客的資金周轉狀況進行過了解之後再做拜訪；如果是以正式簽訂合約為拜訪事由，就要適時把握成交時機及時拜訪。

三、根據拜訪的地點選擇拜訪時間

拜訪的地點一般分為家中和公司中，也有少數情況是在咖啡廳、餐

廳等地方。通常情況下，業務員到家中拜訪的機率會大一些，這時候，就要考慮顧客的工作時間和休息時間、還有作息時間。同時，在預定好時間以後，要提前幾分鐘到達，以表示對銷售工作的重視。

四、根據顧客的意願確定拜訪時間

通常情況下，顧客是不願意和業務員消磨太多的時間的，因此，當顧客有明顯的動作或語言，表示希望談話到此為止時，業務員要考慮在最快的時間內以圓滿的方式結束拜訪。

最後，在地點的選擇上，要選擇合適的地點。

有時候顧客處於某些原因，不便於在公司或者是家中接待業務員，這時候，就需要我們根據的拜訪事由和拜訪對象的不同，來選擇約見的地點，通常情況下，適宜選擇環境優雅、安靜的公共場所。

以上因素都是制定訪問計畫所必須考慮的因素，但這些因素表現出來的僅僅是我們的禮貌問題，要想達成真正成交，僅僅依靠這些還遠遠不夠，還需要業務員深入了解顧客的需求，以及自己所屬銷售行業的最新動態。

喬·吉拉德說：「進入業務這一行，做好萬全準備後再開始銷售展示，對業務員的自信心將有莫大的幫助。如果業務員對自己的產品、公司、競爭對手都能瞭若指掌，這將會神奇地提升業務員的自我印象。因此，只要業務員把家庭作業做好，就能夠準確地知道顧客的問題所在——並且幫他們解決。」

確實，拜訪顧客之前做好充分準備是非常實用的。但前提是，作為業務員必須具備豐富的產品知識和銷售能力，這樣才能為顧客提供精確的數據，也才能幫助他們做出明智的選擇。

如果業務員不能給顧客一個充分的理由來購買我們的產品，那麼顧

第五章 掌握拜訪的技巧—通向成功之門由此開啟

客就會找不到產品對於他們的價值,他們不明白我們的產品在哪些方面優於其他公司的產品。所以,這就需要業務員有能夠分析公司產品特點的能力,並能過濾掉一些專業術語,用最通俗易懂的語言告訴顧客兩者的差異。

基於此,這就要求業務員在進行銷售之前,不僅要熟悉自己的產品,而且還要熟悉競爭對手的產品,對比兩者的價格、功能、品質等,並找出兩者的差異點。如果業務員在進行銷售之前,就掌握了競爭對手的產品的特點,那麼就可以有底氣地告訴顧客,我們可以為其提供別人提供不了的產品特點,這樣我們就可以贏得這筆生意。反之,如果業務員對競爭對手產品一無所知,想單憑一張嘴說服顧客購買,是很難達成交易的。

所以,作為業務員,我們應該像醫生、會計、法律等行業的專業人士一樣,透過不斷學習,掌握豐富的行業知識,成為銷售行業的真正專家,而這也是拜訪顧客計畫中相當重要的一部分,儘管它看不見也摸不到,但卻是決定是否能夠達成成交的關鍵因素之一。

銷售不是刻意取悅顧客

有這樣一個笑話，一位單身男生在用餐的時候，注意到鄰桌有個女孩也在獨自用餐。那個女孩瓜子臉，五官精緻，長得十分漂亮。男生對女孩一見鍾情，那一刻，他覺得她就是這輩子要找的那個人。於是，他不時偷偷地看她一眼，腦海開始思考如何才能要到她的聯繫方式。

想了十幾種開場白之後，男生始終沒有勇氣開口。這時，女孩用餐已經結束，開始買單準備離開。男生終於咬著牙，十分有禮貌地對女孩提出了自己的請求。沒想到事情十分順利，女孩痛快地把她的聯繫方式寫到一張紙條上，交給了男孩，又和他聊了幾句，然後才離開。

男孩獨自用完餐之後，剛出門就將那張紙條扔掉了。

為什麼？原因在於那個女孩一開口，她的說話方式就暴露了她的學識、素養，讓男孩覺得她漂亮的五官頓時喪失了光彩，泯然眾人。

很多時候，決定一個人能否給別人留下一個良好的印象，並不完全取決其外貌、穿著，而更多的是，此人的行為表現是否符合禮儀。大家可能有這樣的體驗，與一個長相普通但極其懂禮儀的人相處久了，我們會被他的魅力折服，很喜歡和對方在一起。這就是禮儀的魅力。

對於業務員來說，除了注重著裝儀表之外，還要注重個人禮儀。正如喬·吉拉德所說：「沒有賣不出去的產品，只有賣不出去產品的業務員。」禮儀是僅次儀錶著裝的重要銷售「敲門磚」，良好的禮儀有助於業務員增強自信，發揮出更多的銷售智慧，從而推動顧客簽下訂單。

反之，不懂禮儀的業務員常常在無形中，破壞了和顧客交談的結果。每一個顧客都希望向值得信賴、禮節端莊的業務員去購買產品。

第五章 掌握拜訪的技巧—通向成功之門由此開啟

　　禮儀原意是指紳士與淑女的行為準則，但是隨著社會的發展，禮儀逐漸演變成人們在社會生活中必不可少的言行方式和行為規範。它包括在不同場合、時間、地點，得體的衣著、優雅的儀態舉止、彬彬有禮的談吐、親切友好的態度等等。當禮儀不再是達官貴人才享有的專利，也不僅僅限於正式場合才需要去注意時，業務員就應該把禮儀作為自己的日常行為規範去遵守了，只有樹立了有內涵、有修養的形象，才能贏得顧客的好感與信賴。

　　禮儀的大致情況是大家所熟知的，譬如，誠懇、熱情、友好、謙虛等，這些常見的禮儀，大部分的業務員都可以做到。下面就說一些比較細節的禮儀，只有把細節做到位，才算是真正的懂禮儀。

一、介紹禮儀

　　在社交活動中，業務員免不了會要做自我介紹，有時候還需要介紹別人相識。當我們要介紹別人相識時，應該先說：「請允許我先介紹一下。」當得到周圍人的肯定時，再接著說：「這是某某。」有時為了讓對方聽得更清楚，還可以介紹一下被介紹人的工作等其他狀況，但是不可以說別人的隱私、家庭狀況等等，除非是被介紹人特別感到驕傲的事情。

　　一般情況下，應把身分低、年紀輕的介紹給身分高、年紀大的：把男士介紹給女士：當要介紹自己公司的人或是自己家的人時，應先介紹本公司的人或是自己的家人，後介紹來賓。

　　做自我介紹時，要面帶微笑看著對方，表情、態度和姿勢要大方自然。可在握住對方手的時候，做自我介紹，需要遞上名片時，可在說出自己的名字之後，遞上名片。

二、交談禮儀

　　許多業務員在與顧客交談時，到了情緒激動的時候，經常會拍顧客

的肩膀，唾沫四濺，這樣的行為是不可取的。應該注意聆聽對方的談話，不輕易打斷對方的談話，如必須要插話的時候，需要提前打個招呼。談話的內容切忌談論對方反感的問題，不要追問對方不願意回答的問題。

三、握手禮儀

握手是交際時最常用到的動作。主動的握手表示友好、感激和尊重。當業務員是經過介紹人和顧客認識時，一般是主方、身分等級高或年齡較大的人先伸手；異性之間握手時，男士一般不宜主動向女士伸手。

握手的時間不宜過長，一般以 3～6 秒為宜，如果關係較好，可以握手的時間較長一點；與對方握手時，應該走到對方面前；握手時候，伸手快表示真誠、友好，樂意交往，重視雙方的關係；伸手慢表示缺乏誠意、信心不足。

四、邀請禮儀

業務員經常會舉辦一些銷售活動，這時候就避免不了邀請一些人士來參加，在邀請他人的時候也需要注意一些禮儀。

首先，請柬要做到樣式大方，格式正確，內容完整、準確，如果業務員的字寫的比較好的話，可以手寫請柬上的內容；其次，請柬要提前發出，使被邀請的對象有所準備，但也不宜過早；最後，應根據活動的性質、規模和邀請對象的身分，選擇合適的發出邀請的形式。

五、撥打電話禮儀

電話是業務員最長用到的工具，但業務員常常會因為是經常用的，而忽略一些應該遵守的禮儀。

首先在打電話給客戶之前，應該做好準備；其次，撥錯電話應表示歉意；如果聽不清對方說話，應該說：「不好意思，可以大聲一點嗎？」避

第五章 掌握拜訪的技巧—通向成功之門由此開啟

免因為沒有聽清楚而造成誤會；同時，業務員的應用清晰的聲音向對方說明公司的名稱和自己的姓名；如果是別人接的電話，在需要別人轉達的時候，要說「謝謝」並詢問對方的姓氏。如我們要找的人不在，應問清什麼時候能夠回來；通話的內容要力求簡潔、準確，重要的內容，需要重複一遍；最後，在通話結束後，要等對方掛上電話以後，再結束通話。

這是業務員在打電話時應注意到的禮儀，同樣，在接電話時，也需要注意一些禮儀。首先，在電話鈴響之後，要立即拿起電話接聽，並在對方說話之前，說：「您好，這是××公司。」；其次，如果電話是找別人的，業務員需要再說：「稍等。」之後，再去找對方要找的人，如果對方要找的人暫時不在，業務員要記下對方的姓名、地址、電話等等相關數據；最後，如果對方問及的問題是我們所不熟悉的，我們應該交由了解情況的人來接聽。

六、吸菸禮儀

業務員在進行銷售的過程中，盡量不要吸菸，首先這會分散顧客的注意力；其次，這也會引起不吸菸者的厭惡情緒。

如果顧客有吸菸的習慣，那麼業務員在接近顧客時，應先遞上一支煙。如果顧客先一步遞上香菸，而業務員又來不及取自己煙的情況下，應起身雙手接煙，並致謝。不會吸菸的，可以婉言拒絕；會吸菸的，要注意把煙灰彈到菸灰缸中。正式開始交談以後，要把煙熄滅，不要分散自己的注意力。

七、用餐禮儀

工作性質決定業務員會遇到不同的飯局，很多食物可能是自己不曾吃過的，這時候就需要業務員留意其他人怎麼吃，然後再動筷子；不要讓同桌的人有不愉快的感覺，在嘴裡有食物的時候，不要張口說話；不

要狼吞虎嚥，小口勻速地進食，可避免在別人突然向自己問話時候，口中因為有食物而不能立即作答；在咀嚼或喝湯的時候，不要發出聲音。如果是西餐，使用餐具時不要發出響聲。

如果在用餐的時候需要喝酒，需要由顧客來決定喝什麼酒，喝酒的量也需要顧客來決定，如果客戶表示不想再喝了，可以適當的勸酒，但如果顧客再次強調不喝時，就不要勉強顧客；在自己酒量很好的情況下，不要由著自己的酒量來，顧客不喝了，業務員也應該放下酒杯。

八、使用目光禮儀

美國人在和別人說話時，習慣打量對方，否則就是不禮貌的展現；而日本人在談話的時候，習慣看著對方的頸部，直接看著對方的眼睛是不禮貌的體現；在台灣，說話時需要用柔和的目光看著對方眼睛和嘴部之間的區域，但也不能夠死死盯著對方。

九、喝茶的禮儀

喝茶是我們的傳統習慣，也是招待客人常用的方法。如果在顧客家中，顧客用茶招待業務員，業務員應用雙手接過茶杯並道謝，不能大口喝茶，不可出聲，也不可對茶進行評論。

在與顧客見面的過程中，時刻保持禮儀是應該的，但切忌不能刻意去討好顧客。喬‧吉拉德說：「銷售，絕不是降低身分去取悅顧客，而是要像朋友一樣給予合理的建議。你剛好需要，我剛好專業！」如果我們太過唯唯諾諾，只懂得迎合，即使表現得很懂禮節，也會被顧客看不起，我們要做的是在表現出良好禮儀的情況下，做到不亢不卑，這樣才能贏得顧客的尊重。

第五章 掌握拜訪的技巧—通向成功之門由此開啟

顧客的時間也很寶貴

每個業務員都知道時間的重要性，可很多人都只是嘴上說說罷了，從來沒有一個時間觀念，明明當天就能完成的事情，非要拖到明天。從某種程度上說，業務員浪費自己的時間，也就等於浪費顧客的時間。因為，一個不懂珍惜自己時間的人，又怎麼會珍惜別人的時間呢？

同樣作為業務員的喬·吉拉德，曾不止一次地強調「時間就是金錢」，同時，他還強調，認識到顧客的時間很寶貴也同樣的重要。

一般說來，成功人士能夠累積大量財富，正是因為他們充分利用了時間。有一位銀行大盜在被問及為什麼要搶銀行時，他回答說：「因為那是放錢的地方。」業務員不是大盜，但是對於業務員來說，顧客就是「銀行」，我們是因為錢而去接觸他們，而他們的錢卻是依靠時間來賺取來的。因此，我們想要達成自己的目的，就要尊重和理解客戶的時間觀念。

成功的商人和專業人士，通常都是比較繁忙的，大多數業務員都不可能輕易就見到他們本人。因此，許多業務員都不會經過預約，直接去見顧客。因為他們認為，當一個人站在顧客面前時，對方就沒有拒絕拜訪的理由了。事實上，這是一種錯誤的做法，大多數情況下，業務員都會被顧客身邊的人攔下，就算是見到了顧客，顧客會說什麼呢？他也許會說：「好吧，我只有 10 分鐘的時間聽你介紹。」或是「我現在有重要的會議，下次再約吧。」總之，顧客是不會對我們的突然造訪，而坐下來認真聽我們的介紹的，因為他沒有事先安排出這部分時間。就算他給了業務員 10 分鐘的時間，我們又能用來做什麼呢？僅僅是做一個簡單的自我介紹，然後問一些簡單的問題罷了，這不會給顧客留下任何深刻的印象。

因此，想要得到顧客的時間，就要充分尊重他們的時間觀念。就像喬‧吉拉德一樣，在去拜訪之前，先進行電話預約，喬‧吉拉德相信，儘管顧客的時間安排得很滿，但是他們還是願意花一些時間來聽聽業務員帶給他們的最新的市場動態。他認為，提前預約不僅能夠讓業務員合理安排自己的時間，也能夠給顧客留下時間來考慮是否需要購買我們的產品，更重要的一點就是自己的銷售不會半途而廢。

這樣的情況在喬‧吉拉德剛剛加入業務行業的時候經常會遇到。當他意識到應該透過預約來進行拜訪時，已經是他成為業務員的第三個年頭了。第三年以後，喬‧吉拉德已經像一個醫生或是律師那樣透過預約來工作了。當時，很多人對此表示不理解，而喬‧吉拉德認為這樣很好，這讓他更加像一個專業人士，或者是重要人士，他喜歡這種感覺。

當然，喬‧吉拉德也會遇到顧客沒有時間的時候，當顧客對喬‧吉拉德說，他只有 20 分鐘的時間來聽他介紹時，喬‧吉拉德不會立刻抓緊時間去介紹，反而，他不會做任何介紹，因為要把 60 分鐘的對話縮短到 20 分鐘，是不會達到他想要的效果的。因此，他會和顧客說：「不好意思，耽誤您的時間了，下一次我一定早點預約，這一次，我們就先預約下次的時間吧，我需要一個小時的時間向您做介紹。」在我們看來，喬‧吉拉德的話有點太過直接和坦率了，然而這卻是最好的方法，既向顧客顯示了我們珍惜他的時間就像珍惜我們自己的時間一樣，又展現出了我們的專業水準。

當下一次見面時，我們就會發現，事情要比我們想象中進行得更加順利。因為已經有過一次的接觸，從心理上顧客對我們已經沒有強烈的抗拒心理了。當然，具體需要占用顧客多長時間，要根據我們銷售的產品而言，一定要在盡量少的時間裡讓給顧客充分了解我們的產品。如果喬‧吉拉德耽誤了一些重要顧客的時間，他一定會作出相應的補償。

第五章 掌握拜訪的技巧—通向成功之門由此開啟

當喬·吉拉德的名字被越來越多的人知道後，來找他買車的人就更多了。很多透過預約的顧客都要等上許久，才能見到喬·吉拉德。為了安撫顧客的情緒，喬·吉拉德許諾，等得越久的顧客，他將會得到更低的報價，他這一做法，讓顧客更加心甘情願地選擇等待。正是因為為顧客著想，顧客才會越來越願意和喬·吉拉德打交道。因此，珍惜顧客的時間，就像是珍惜我們自己的時間，是每一位業務員都應該做到的事情。在珍惜顧客時間上，業務員可以按照以下 3 點去做。

一、拜訪之前先預約

為了避免突然拜訪給顧客帶來時間安排不過來的難題，業務員需要進行事先預約，這樣顧客才能安排出合適的時間和我們見面，而我們也能有充分的時間向顧客做詳細的銷售展示。

二、節省顧客的時間

通常情況下，問候顧客的時間不超過 1 分鐘，預定訪問的電話不得超過 3 分鐘；正式和顧客商談的時候，要根據自己的產品狀況進行時間的約定，在顧客能夠完全弄清楚的基礎上盡量縮短時間，避免銷售一台冰箱也要占用顧客半天的時間這樣的情況發生。

三、把時間主要用在決策人身上

和顧客身邊的每一個人打好關係，是業務員應該做的事情，但是不要把主要的時間都用在與他們身上，不但浪費我們的時間，也浪費準顧客的時間。

為了節約顧客的時間，還需要業務員事先用大量時間做準備。有時候，為了 1 個小時的拜訪，業務員可能要花 10 個小時的時間準備，不要認為這樣是不值的，事後我們就會發現，打有準備之仗，是非常重要的。

讚美你的顧客

　　每個人的本性裡，都渴望得到別人讚美。讚美之於人心，猶如陽光之於萬物。每個人都希望被讚美，在心理學意義上說，是源自於個體渴望被尊重、被認可的精神需求。一旦這種精神需求被滿足，人就會充滿自信和動力。

　　對於業務員而言，學會讚美顧客，是與顧客搞好關係的關鍵因素之一。不要擔心有的顧客會不喜歡讚美，即便是相貌醜陋的林肯，都曾說過「人人都喜歡讚美的話，你我都不例外。」但需要注意的是，讚美不是溜鬚拍馬，否則立刻會被顧客識破，從而產生厭惡的情緒。

　　真誠讚美是銷售中的通行證，喬‧吉拉德深信這一點。在一次拜訪中，他發現女主人養了幾隻小狗，這幾隻小狗小巧玲瓏，憨態可掬，十分招人喜歡。喬‧吉拉德抱起其中的一隻，對女主人說道：「它真是太可愛極了！你看它的毛色多麼漂亮，還有這雙眼睛，多麼機靈！」說完，又蹲下身子，撫摸另外幾隻小狗，不斷讚嘆著。

　　女主人看在眼裡，心裡也十分高興，一臉柔情地看著那幾隻小狗。她與丈夫結婚多年，但因為各種原因一直沒有生小孩，於是便養了幾隻小狗。對於這幾隻小狗，她把它們當成孩子一樣去對待，每天要花費大量時間照顧它們的生活。

　　因此，喬‧吉拉德對小狗的一番讚美，讓她感到十分愉悅，覺得他是一個了解自己的業務員。於是，女主人當即表示，她的丈夫在星期六有時間，請他到星期六的時候再過來詳談。

　　星期六的時候，喬‧吉拉德準時上門。見到了女主人的丈夫後，喬‧

第五章 掌握拜訪的技巧—通向成功之門由此開啟

吉拉德真誠地讚美了他的風度及事業上的成功。男主人聽後，自然也十分開心，很快就簽下了買車的訂單。

在喬‧吉拉德看來，每個人都喜歡讚美，顧客也不例外。確實，每個人存活於世，不論工作還是生活，每天都需要處理許多不同的事情。而在處理這些事情的過程中，難免會遇到困難，如果此時沒有人讚美或肯定，我們是很難堅持把事情做完的。

儘管讚美是來自於別人，但這並不就意味著我們內心脆弱，從某種意義上說，有時候讚美不僅是鼓勵和肯定，更多的是它能夠增加對別人對我們的好感。這一點，對於業務員來說尤為重要。

所以，學會讚美顧客，就成了業務員必須學會的要務之一。首先，讚美顧客一定要與其有關係。一般業務員到了顧客家中，發現顧客家中很整潔，都會誇讚一番。但是往往會忽略一個問題，就是隻誇讚了屋子的整潔，卻沒有把主人聯繫進來，似乎屋子的整潔是與主人無關的。所以，我們可以在誇讚屋子整潔之後，加上一句「您真是一個懂生活的人。」這樣就直接說到了顧客的心坎裡，他自然會為此感到高興。

其次，讚美之前先觀察。人人都看得出的優點，我們再去讚美就沒有什麼新意可言。譬如，一位美麗的女士，無論誰見到都會誇讚她的美貌，次數多了，就不足以為奇了。但如果我們能夠更細微一點，就能顯示出與他人的不同，比如說：「您真是太美麗了，尤其是您的眼睛，我從未見過這樣迷人的眼睛。」這樣的讚美，說明了我們不是敷衍了事，而是透過自己認真的觀察，得出來的結論，是發自內心的。

再次，讚美需要真誠。只有真誠的態度才能打動顧客，毫無誠意的讚美，顧客會從我們的語氣中感覺到，不但不會感動，還會認為我們很虛偽，這樣的讚美還不如不去讚美。

作為業務員，我們所面對的顧客是不同的，有的時候，我們用錯了

讚美之詞，不但達不到我們的目的，反而還會令顧客不開心。所以，在對顧客進行讚美時，需要我們注意以下幾點：

一、適度原則

讚美只要表達出我們的意思就可以，不必反覆地提及，或是讚美起來沒完沒了。這樣很容易讓我們遠離拜訪顧客的主題，我們的讚美是為了讓顧客購買我們的產品，只要達到這個目的，讚美就可以適可而止。

二、有事實為證

讚美的話語應該以事實為依據，實事求是，千萬不能言過其實。當我們用過於籠統的語言讚美顧客時，顧客一下就聽得出我們不是真心讚美他，不僅不會對我們產生好感，反而會產生極大的反感。有時候間接地對顧客進行讚美的效果比直接讚美好很多，雙方都不會尷尬，但顧客能夠聽得懂我們的讚美並為此高興。

三、因「地」制宜

我們面對的顧客形形色色，不是每一個人都喜歡一種讚美方式，有人喜歡含蓄，有人喜歡直接，都不盡相同，這時候，就需要我們根據對顧客的了解，掌握顧客喜歡的讚美方式。

每個業務員都有自己的一套讚美話術，但需要注意的是，我們那些讚美之語是否真正打動了顧客，促使他們下決心購買我們的產品。所以說，一切讚美都是為銷售服務的，只有明白這個目的，我們才能把讚美之語用得恰到好處。

第五章 掌握拜訪的技巧—通向成功之門由此開啟

第六章
保持誠信──
良好的信譽更容易贏得顧客的認同

第六章 保持誠信—良好的信譽更容易贏得顧客的認同

用誠實贏得顧客的信任

作為業務員,不論是在工作中還是生活中,我們都不喜歡和一些不誠實之人共事。不誠實之人,多數都喜歡耍小聰明,經常是說一套做一套,說起來無所不能,可做起來卻又力不從心。雖然一個不誠實的人並不能等同於壞人,但他平時的為人處世的風格,卻是我們難以接受的。

而對於誠實的人來說,他們都很正直,也十分勤勞能幹,從來不輕易對人承諾,一旦承諾就會全力以赴兌現。他們做事情,從來都不張揚,總是做完了再說。

相比之下,我們都喜歡和誠實的人共事,他們的踏實既能讓我們信任,也能帶給我們安全感。同理,對於顧客來說,他們也喜歡從誠實的業務員那裡購買產品。所以說,要想贏得顧客的信任,業務員必須做到誠實。喬·吉拉德認為,用誠實贏得顧客信任有一個重要前提,那就是對自己誠實。也就是說,作為業務員,我們要做一個誠實的人。誠實是一種美好的品格,不論生活還是工作中,我們都會感受到誠實所帶來的益處。關於誠實,喬·吉拉德小時候在一位名叫蘇拉南·凱西神父的影響下,他才開始意識到誠實的重要性。

蘇拉南·凱西是一位頗具傳奇色彩的神父,他一生當中從事了多種職業,包括伐木工人、公車司機、獄卒等,是一位極有愛心且有勇氣的人。他小時候生活在鄉下,有一次他的小狗被山貓叼走。為了營救小狗,他開始追擊山貓並與其搏鬥,最終成功將小狗救回。

21歲那年,受到感召的蘇拉南·凱西投入神職,在這期間,他為很多人進行過身心兩方面的治療,治療效果十分明顯,在當地引起了巨大轟動。

喬‧吉拉德認識蘇拉南‧凱西的時候，還是一個成天遊蕩在大街上的少年。不過，蘇拉南‧凱西並未因此看輕他，而是一有機會便會對他說，要做一個誠實的孩子。

耳濡目染之下，喬‧吉拉德受到了蘇拉南‧凱西的巨大影響，直到多年之後，一提到神父，喬‧吉拉德腦海裡就會出現留有濃密鬍子的蘇拉南‧凱西的形象，以及他的告誡：「我們或許愚弄了別人，卻愚弄不了上帝。」

成年之後的喬‧吉拉德，隨著閱歷的增加，慢慢對蘇拉南‧凱西這句話有了更深刻的理解。尤其進入銷售行業之後，他更加意識到誠實對於業務員的重要性。他認為，對於業務員來說，要想得到別人喜歡，就先喜歡自己；要想向別人銷售成功，就先銷售自己。要想做到對別人誠實，就必須先對自己誠實。

所以，業務員不能好高騖遠，編造一些不切實際的謊言，因為不論我們如何巧妙編造一些謊言，其實我們內心非常清楚這是無法愚弄自己的，最終當謊言泡沫破滅之時，我們會掉入自己的謊言之中，自食其果。

反之，如果我們對自己說實話，認清現實，對自己的工作、能力、家庭等百分之百地誠實，那麼就會發現，我們就能自發地對別人誠實了。

其次，業務員要三思而後言。喬‧吉拉德認為，說話如同吃飯，吃飯的時候，我們會把真正有益且美味的食物放到嘴裡；而說話的時候，必須經過思考，才能確定我們說的話，是否是別人心靈和思想的食物。

喬‧吉拉德之所以有這樣的感悟，完全是來源於銷售當中。那是他剛進入銷售行業，為了改掉口吃的毛病，他開始有意識地訓練自己，在說話之前想好要說什麼，表達時放慢語速，就這樣成功地克服了口吃的毛病。

第六章 保持誠信—良好的信譽更容易贏得顧客的認同

後來,他又把這一心得用在拷問自己說話是否誠實。每當說話之前,喬・吉拉德都會問自己:「我要說的是真的嗎?」透過反問,會直指自己內心,時間一長就能發現,我們的謊言越來越少。這些謊言多數是隨口而出,但沒多久我們就開始後悔,甚至變得坐臥不安。認識到這些,我們就能體會到誠實帶來的好處,最起碼能夠讓我們心安理得。

對業務員來說,70% 的顧客會購買我們的產品,都是出於對我們的信任,因為信任我們,所以他們信任我們的產品,每宗交易的成功,都是建立在相互信任的基礎上,業務員和顧客之間也是合作關係,也需要以誠信作為合作的基礎。

在當今競爭日趨激烈的市場條件下,信譽已經成為競爭致勝的重要手段,唯有誠信才能為業務員贏得信譽。作為一名業務員,如果在與顧客的合作過程中失去了誠信,就丟掉了客戶對我們的信賴,這對我們的銷售工作的展開是極為不利的。說實話,不僅僅是良知的問題,也會涉及法律。喬・吉拉德曾舉過這樣一個例子:約瑟夫・麥卡錫是美國威斯康辛州的參議員,他本該擁有光明的政治前景,但是一件事情讓他前程毀於一旦。

一天,他拿著一份名單,宣稱外交部有許多是共產黨員,這是一份他運用調查技巧得到的名單,其中的證據都是有可疑之處的,但是仍然有效的引發了公眾對名單上人士的控訴,嚴重地影響了許多無辜人士的生活及前途,引發了美國有史以來最大的一樁政治迫害事件。

事後,經過調查,證明他是錯誤的,但是損失已經造成。最後,他遭到了同僚的非難,因為玩弄謊言政治前途一敗塗地。可見,無論在什麼情況下,沒有誠信的人,下場都是慘重的。作為業務員,背棄了誠信,就會讓顧客蒙受損失,從而使對方對我們失去信任。

這件事情給喬・吉拉德留下了深刻的印象,所以,他比其他同行更

加努力地說真話，為的就是改變汽車業務員在顧客眼中的形象。他總是很坦白地告訴顧客：「我不只是站在車子後面，我也能理直氣壯得站到每部我銷售的車子前面。」他從來不承諾自己做不到事情，正是這個原則，使得喬‧吉拉德在工作中很少遭到信任危機。

喬‧吉拉德始終堅信，如果在銷售工作中與顧客以誠相待，那麼成功的機會會容易得多，並且會經久不衰。因此，想要成為成功的業務員，就不要再急著把產品銷售給顧客，而是著重於想辦法取得顧客的信任。取得顧客的信任之後，再透過不斷地向顧客傳遞有關產品的資訊，為顧客提供優質的服務等。這樣的做法，要比一開始就著急銷售，效果好很多。同時也避免了我們費力介紹之後，卻沒有取得顧客的信任，最終不會購買我們產品情況的發生。

許多顧客在購買喬‧吉拉德的汽車時，都會拿他和其他的汽車銷售人員做比較，但最終還是會選擇喬‧吉拉德所銷售的汽車。顧客這樣的做法，有時候並不是因為喬‧吉拉德所銷售的汽車比其他業務員的價格更低，也不是因為品質會更好。相反，喬‧吉拉德銷售的汽車有時候還會比其他的業務員貴75美元～100美元，但是顧客寧可多花出這一部分錢，也要買個放心。

這足以見得信任的力量，如果不是因為信任，沒有人會願意選擇一個同等品質但價格更貴的產品。以誠相待，是所有銷售學上最有效、最高明、最實際也是最長久的方法。

心理學專家研究顯示，人類都有一個共同的心理現象，就是如果有人能使自己感到開心，能夠讓自己信任，即使是事情與他們的心願稍有不符，也不會太在意；相反，對一個不信任的人，即使是一點小缺陷，也會成為他們拒絕的理由。因此，在銷售中，能夠取得成功的，不一定就是業務技巧的業務員，但一定會是那些善於贏得顧客信任的業務員。

所以,業務員要善於運用這一點,贏得顧客的信任。

當一名業務員在銷售過程中展示出了自己的良好的信譽,並始終注重誠信,就能贏得顧客的信任,在自己的銷售領域有所作為。

誠實不等於老實

誠實，是一種美好的品格，也是這個時代每個人應該具備的素質。但是如果誠實過頭，那就成了老實。在這個年代，「老實」並不是一個褒義詞，相反，它是一個貶義詞。

所謂的「老實」，歸根結柢不過是缺乏自信、遇事逃避、自我壓抑，常常伴有孤獨感。老實之人多數缺乏膽魄，不論在工作中還是生活中，每遇到事情需要抉擇的時候，他們往往會自亂陣腳，喪失獨立思考的精神，只會盲從，並急於給予回應。

所以，他們看起來死板，不懂變通，每遇到問責之事，總是第一個站出來撇清責任，原因就是骨子裡害怕承擔責任。所以，這時候的「坦誠」，往往會給他們帶來更多的麻煩。

一旦惹上麻煩，他們又愛生悶氣，只會在家裡輾轉反側，卻從不主動尋求解決方案。因為他們害怕溝通，一句話能夠解決的事情，絕不多說第二句。在與人交往中，他們表現得十分拘束，處處顯得謹小慎微、唯唯諾諾，他們害怕別人對自己好，因為他們覺得自己沒有能力償還。

相比而言，誠實之人往往具有浩然正氣，不論在工作中還是生活中，他們具有獨立思考的意識，懂得靈活變通，該說的話一定會大方表達；不該說的話，他們隻字不提，或者換一種表達方式。總之，「誠實」與「老實」雖然只有一字之差，但卻涇渭分明。

尤其在銷售行業中，老實之人並不占優勢。因為作為業務員，每天需要面對的是形形色色的顧客，如果老實人在任何時候，都不假思考地將自己內心的想法和盤托出，也不考慮顧客的感受，那麼此時所謂的

第六章 保持誠信─良好的信譽更容易贏得顧客的認同

「誠實」的美好品質，就成了惹人嘲笑的話柄。

喬·吉拉德認為，銷售中是可以允許謊言的存在的，但一定要是善意的。誠實，只是業務員用來追求最大利益的工具。因此，在銷售中，誠實是相對的，需要業務員根據不同銷售場合以及顧客的不同，說令顧客感到愉悅高興的話。

比如，當一位顧客帶著一個小男孩來我們店裡時，那個男孩的相貌明明很醜陋，如果業務員非要用「帥氣」、「清秀」之類的詞語來誇讚他的話，顧客內心會認為我們睜眼說瞎話。所以，我們不妨避開小男孩的容貌，根據他的言行舉止來稱讚他：「這位小朋友可真是聰明！」這是為了銷售，業務員要說的善意的謊言。

在銷售當中，說實話是必要的，尤其是在顧客事後會查證的情況下，實話實說，才能贏得顧客的信任，從而也才願意繼續和我們合作。因此，對於顧客能夠查證的事情，業務員絕對不能說半句謊話。

喬·吉拉德在賣給顧客一輛6汽缸的汽車時，他絕對不會說是8汽缸的，因為顧客只要掀開車蓋，數一數配線數，就會明白他在說謊。這樣的後果直接會導致顧客拂袖而去，除了不會再向喬·吉拉德買車之外，還會到處揭露他的欺騙行為。

這樣的錯誤，喬·吉拉德當然不會去犯。但是，如果碰上一些顧客無法求證的事情，他就會靈活變通，說一些善意的謊言促成成交。可是，喬·吉拉德身邊的同事卻不會這樣做，他們的「誠實」往往得罪了顧客，從而讓本來有可能成交的生意泡了湯。

有一次，一位顧客開來一輛舊車，然後問他的車可以折合多少錢。喬·吉拉德的同事毫不猶豫地說：「這種破車，值不了多少錢的。」

同樣的事情，在喬·吉拉德看來，即使顧客的車再舊，他對它也有感情，他買車的同時也賣車，如果不能考慮到他的感受，勢必會說一些

傷害對方的話。所以，喬・吉拉德會這樣對顧客說：「先生，看起來你的車一定陪了你很多年，如果它已經累了，你一點也不能責怪它。我們來研究一下這輛忠心的老僕人可以折換多少價值。」

你看，喬・吉拉德這麼一說，既道出了車輛的真實情況，也讓顧客聽了之後感到十分舒服。同樣的情況，換一種表達方式，既展現出業務員的誠實，也能贏得顧客的好感，而且最重要的是，還能為自己帶來收益，這就是一舉三得的事情。

所以，對於業務員來說，說實話還是說善意的謊言，我們要根據實際的情況來確定。該說實話的時候，絕不說謊話，即使遇到自己不明白、不了解的問題，也不能為了促成購買，而故意對顧客編造一些謊話。喬・吉拉德剛進入銷售行業時，對汽車方面的知識知之甚少，每遇到顧客提到一些他不明白的問題時，他從來不會隨便回答顧客。譬如，顧客說到一個不需要回答關於汽車的問題時，而這也正是喬・吉拉德所不知道的，這時候他就會說：「您懂得真多！」從而避開這個話題。但如果顧客提出的問題有必要回答的時候，喬・吉拉德會以最快的速度查閱數據，然後答覆顧客。如果數據上沒有，他會請一位技師來回答，一直到顧客滿意為止。

業務員的目的在於將產品銷售給顧客，為了達成這個目的，業務員可以在不損害顧客利益的情況下，說一些善意的謊言；但如果僅僅是為了促成交易，過分誇大產品的功能，說一些不符實際的謊言，哄騙顧客購買，這樣的行為無異於自毀前程。

當然，在遵循以上銷售的前提下，業務員最應該做的就是，大膽細心，釋放自己，靈活多變地適應不同的銷售場合，做一個誠實的業務員。

第六章 保持誠信—良好的信譽更容易贏得顧客的認同

掩蓋產品缺點就是掩耳盜鈴

在銷售過程中，每個業務員都希望每筆生意都可以成交，所以一旦遇上產品有某些缺點，他們就會想盡辦法來掩蓋這一缺點，因為他們擔心一旦顧客知道產品的缺點，就會打消了購買的慾望。

實際上，這種銷售行為不僅有欺瞞顧客的嫌疑，而且也是掩耳盜鈴之舉。那麼，如果遇到產品有瑕疵的時候，業務員該怎麼做，才能在不說謊的情況下，讓顧客選擇購買？

答案是，以適當的方式將產品的缺點告之顧客，因為唯有坦誠才能贏得顧客的理解。對於顧客來說，他們寧願當時知道產品哪裡有缺點，也不願意事後發現而感覺自己上當受騙。雖然向顧客坦誠產品缺點，有可能會導致交易失敗，但至少業務員會給顧客留下一個誠實的印象。

因此，在顧客面前是沒有必要隱瞞產品的缺點的，業務員與其費盡心思地去隱瞞，倒不如實話實說。產品存在缺陷是正常的事情，但是業務員加以隱瞞和矇騙就是有違職業道德的事情了。再者，顧客也不一定苛求到非要我們的產品無一缺憾時才作出購買決定，只要讓對方感到產品的優點壓倒缺點時，他就會欣然接受我們的銷售建議。

所以，業務員不必再為產品存在缺陷而苦惱，美國著名銷售專家約翰·溫克勒在他的《討價還價的技巧》一書中指出：「如果顧客在價格上要脅你，就和他們談品質；如果對方在品質上苛求你，就和他們談服務；如果對方在服務上提出挑剔，就和他們談條件；如果對方在條件上逼近你，就和他們談價格。」

約翰·溫克勒爾的這席話無形中給業務員提了醒。喬·吉拉德也一

再告誡業務員,不要在顧客面前說謊話,那將使我們付出不可挽回的損失。他這樣說並不是毫無根據,而是他曾經得到過這樣的教訓。

那是喬・吉拉德剛剛進入業務行業的時候,為了增強自己的競爭能力,在一次向一個銀行經理銷售的時候,他誇大了汽車的效能,從而誤導了銀行經理。事後,經過銀行經理的證實,他發現喬・吉拉德說了謊話,因此,喬・吉拉德失去了這位銀行經理以及他能夠帶給喬・吉拉德的潛在顧客。

這件事情給喬・吉拉德帶來的教訓讓他至今難忘,從那以後,他會誠實地告訴顧客關於汽車的一切真實情況。因為他明白了任何人都難以容忍他人欺騙自己,尤其是花錢來買產品的顧客,一旦自己的利益受到了損害,他們往往會進行反擊,不但會宣布此次交易告終,而且今後也不會再與我們做交易。

這樣的例子在銷售中屢見不鮮,一個傢俱業務員也因犯過類似的錯誤,最終導致成交失敗。一天,傢俱業務員接待了一位意欲購買一張真皮沙發的顧客。

經過簡單的攀談,業務員將顧客帶到一張做工精緻的真皮沙發前。顧客對這張沙發簡直是太喜歡了,不管是沙發的款式,還是舒適程度,都讓他非常滿意,更重要的是它的價格,比顧客的預算要便宜一倍,這簡直讓顧客不敢相信。

當顧客向業務員詢問這張沙發為何這麼便宜的時候,業務員的解釋是,這款沙發的價格是拍賣價格。顧客聽了之後,還是有些不放心地再次求證這是否是真皮沙發,業務員再三向他保證絕對是真皮。

得到業務員的明確肯定之後,顧客十分爽快地答應買下這款沙發。此時,顧客又想到如果再為沙發配上一張咖啡桌,豈不是更完美?業務員得知顧客萌生了購買咖啡桌的想法之後,便帶他去另一個區域看咖啡桌。

第六章 保持誠信—良好的信譽更容易贏得顧客的認同

在去的途中,顧客看到一款和決定購買的款式一樣的沙發,他試坐了一下,感覺比之前那款沙發更加舒服,但是價格卻是前者的兩倍。同樣是真皮沙發,為何價格相差這麼多?顧客向業務員提出了自己的疑問,並要求他做出解釋。

這時,業務員變得有些不知所措,完全沒有之前的口若懸河,吞吞吐吐解釋了半天。原來,顧客看到的第一款沙發,除了坐墊是真皮之外,其他部分皆是合成皮。

儘管業務員一再地強調絕對不會影響的使用,但顧客卻感覺自己上了當,態度堅決地拒絕了購買。最後,這個業務員不但沒有賣出沙發,還丟掉了咖啡桌的生意。如果在最開始的時候,他就坦誠地將兩款沙發的情況告訴顧客,讓顧客自己做出選擇,想必最後也不會出現這種情況了。

銷售中,顧客提出異議是難免的,但是業務員如果在這個時候做出矢口否認、設法抵賴等不誠實的做法,都是下策,一旦被顧客察覺,交易就會隨之失敗。因此,當顧客指出產品的不足之處時,要大膽承認事實,不必躲躲閃閃。因為產品不可能十全十美,也不可能完全滿足顧客的要求,銷售宣傳總有疏忽或欠妥的地方。

當顧客得知真實的原因之後,多數都會表示理解,而且也容易對業務員產生好感和信賴,這反而有利於達成交易。

真心與顧客交朋友

作為業務員,我們都有三五好友知己,在他們面前,我們會把自己的快樂與對方分享;也會把自己的煩惱向對方傾訴。不論怎樣,對方都會因為我們的坦誠而感到高興,因為他們會覺得,我們是出於信任才願意和他們分享或者傾訴。

人與人之間的友情就是這樣建立起來的,不論彼此誰遇到困難,互相之間的信任會使得其一方竭盡所能提供一切幫助。如果業務員能將和朋友互動的真心拿出來,放在與顧客的溝通交往上,那麼結果不言自明,我們最終收穫的將是巨大的。

對於喬‧吉拉德來說,他對所有顧客一視同仁,對每一位顧客都付出了真誠和熱情。他會在自己的辦公室裡準備香菸、酒,甚至是孩童的零食和玩具,為的就是以一個朋友的身分,來招待每一位顧客。

儘管喬‧吉拉德本人也承認,他的這種行為具有「表演」的成分。但人生在世,哪個人又不是演員呢?況且,他在每場銷售表演中,確實是真心付出。這一點,顧客是能夠深切感受到的。

每當有顧客帶小孩兒來看車,喬‧吉拉德就會把顧客的孩子當成自己的孩子一樣,去跟他說話,甚至願意爬在地毯上和他一塊玩耍。這不是每一個業務員都能夠做到的事情,其他的業務員只會象徵性地對顧客的孩子進行稱讚,而那只是為了拿到他們的訂單。

喬‧吉拉德透過「爬」這一動作,無形中打破了與顧客之間的陌生和距離,會讓每一位帶孩子的顧客深受感動,他們會認為喬‧吉拉德是真心和他們交朋友。結果,喬‧吉拉德的主動坦誠,不僅贏得了顧客的友

第六章 保持誠信—良好的信譽更容易贏得顧客的認同

誼，而且也拿下了訂單。

很多時候，業務員在顧客眼中，都是一副凌然不可侵犯的樣子。他們時刻與顧客保持著一定距離，很少主動積極地與顧客進行聊天。這樣的結果就是，業務員與顧客的溝通始終處於不清晰的狀態，結果導致業務員很難弄明白顧客的真正需求，顧客也不容易從業務員那裡得知關於產品的全部資訊。

對此，喬‧吉拉德還指出，業務員一定要主動和顧客聊天，因為這不僅能使業務員與顧客之間的關係破冰，而且也能快速地與顧客建立友情。日本的銷售大師原一平就曾用這種方法，贏得了顧客的友誼。

一次，保險業務員原一平偶然聽到朋友提起一位建築公司的老闆，這位老闆實力非常雄厚，他便想與其達成合作關係。於是，在朋友的介紹下，原一平去拜訪了建築公司老闆。

沒想到的是，這位建築公司的老闆雖然很年輕，但是為人高傲，並沒有把原一平放在眼裡，十分直截了當地告訴原一平，他已經在另一家保險公司投了保。然而他的態度並沒有讓原一平退卻，原一平見他如此年輕就已經成為了建築公司的老闆，想必在他身上一定有著很精彩的故事。

於是原一平問道：「先生，請允許我問一個問題。請問您是如何讓自己這麼成功的？」這位老闆顯然沒有料到原一平會提出這樣的問題，便問道：「你想知道些什麼呢？」

原一平很誠懇地問：「我想知道您當初是怎樣投身於建築行業的？」

看到原一平謙虛求教的態度，這位老闆不禁被感動了，於是在接下來的 3 個小時裡，他把自己艱難的創業史，以及在這其中遇到的所有困難和挫折，都講給了原一平。每當這位老闆回憶起過去的心酸時，原一

平總是不失時機地用寬慰的語氣對他說：「沒事了，一切都過去了。」

一直到這位老闆的祕書走進來讓他簽署一份檔案，他才意識到自己不知不覺中對原一平說了太多。等到祕書走後，這位老闆對原一平說：「很奇怪，我怎麼會對你說這麼多關於我自己的事情。你要知道，這些事情，連我的妻子都不知道。」此時，這位老闆已經對原一平產生了信任，便問他：「你需要我做些什麼呢？」

原一平回答說：「我不需要您為我做什麼。我只想再問您幾個問題。」

那位老闆原以為原一平會再次提出讓自己購買保險的事情，沒想到他還有問題要問。好奇之下，那位老闆便說：「那你有什麼問題，儘管問吧。」

原一平便問了一些關於建築方面的知識，此外，還問了關於建築公司將來的發展目標和計畫。了解到這些之後，原一平便告辭了。

兩個星期後，原一平再次拜訪了這位老闆，並且還帶來了一份根據建築公司發展目標制定的保險計畫書。這一次，這位老闆對原一平的態度截然不同，熱情地接待了他，並認真地看完了他做的計畫書。看過之後，他深深被原一平的計畫書打動了，最後決定買100萬日元的人壽保險。這一次，原一平不僅僅拿到了業績，也得到了這個老闆的友情。

不論是喬‧吉拉德陪小孩兒爬著玩耍，還是原一平主動並真誠地與顧客聊天，他們這麼做的最終目的，就是用真誠贏得顧客的友誼。結果是，只要主動付出真心，顧客往往都會被打動。因此，喬‧吉拉德建議每一位業務員都要這樣去做，要和自己的顧客真心地交朋友。

首先，要像對待自己那樣去對待顧客。業務員和顧客之間的友情主要是建立在利益的基礎上，這種友情是一種合作。在這種關係中，銷售人員首先要有一個原則，即你怎樣對待自己，也就怎樣對待自己的顧客。只有站在顧客的角度去為他們考慮利弊，他們才能接納我們。

第六章 保持誠信—良好的信譽更容易贏得顧客的認同

其次,在和顧客的交談中,業務員要始終充滿熱情,說話時不能冷冰冰,更不能一副高高在上的樣子,這樣無形中就會與顧客產生距離感。同時,如果顧客說錯了話,不要急於去糾正,也不要去反駁,這樣只會讓顧客感到尷尬。如果是一些無傷大雅的失誤,我們大可一笑而過,即使是原則性錯誤,我們指出時,說話方式也要盡量委婉一些。

第三,業務員可以與顧客交朋友,但請不要忘記,不能和顧客成為關係十分密切的朋友,那樣將會給銷售活動形成一定阻力。因此,在和顧客經常保持聯繫的基礎上,和顧客保持適當的距離,這樣才不會在交易中失去原則。

第四,在顧客面前展示自己良好的人品。每個人都喜歡和人品好的人打交道,因此,一定要給顧客留下品行端正的印象。首先不能怠慢他們,在講求自己原則的同時要考慮到顧客的感受,但是對於顧客的怠慢我們不要放在心上。最後,做事情要膽大心細,有自己獨到的見解,但絕不偏激。

第五,保持耐心。不是所有的顧客都容易接觸,尤其一些性格比較乖張的顧客,與他們接觸需要多花些心思,多一點耐心。比如,在與一些知識分子接觸的時候,要把他們作為我們學習的對象,時刻表現出謙虛的樣子,不但可以增長我們的知識,也比較容易和他們接近。

第六,保持清醒的頭腦。在銷售活動中,業務員為了從顧客那裡得到利益,會對顧客進行一些誇讚,甚至是吹捧;同樣,有時候顧客為了從我們這裡得到他們想要的好處,也會對我們進行一番讚賞。這時候,就需要業務員保持清醒的頭腦,不要在顧客的讚賞中喪失原則,從而丟掉自己的利益。

不論怎樣說,不論業務員銷售什麼產品,最重要的是,要對顧客付出真心。只要付出真心,顧客是慢慢能感受到的,即使他們這次因為各

種原因沒有購買我們的產品，但至少會對我們產生可信賴的印象，只要有機會，下一次他們一定會購買我們的產品。這對業務員來說，才是最重要的。

第六章 保持誠信—良好的信譽更容易贏得顧客的認同

兌現你的承諾

如果真誠是打破業務員與顧客之間距離的方式,那麼兌現承諾就能與顧客達成良好的後期合作關係。然而現實是,很多人對於承諾從來都不慎重,往往是為了解決當下問題而信口承諾,結果常常因無法兌現承諾而失去別人的信任。

試想,如果別人經常對我們承諾很多,但卻遲遲不去兌現,我們會有什麼感受?首先會是失望,慢慢地不會對對方產生任何信任。所以,對於業務員來說,除了用真誠打動顧客之外,還要按時兌現承諾,這樣才能讓顧客滿意。只能讓顧客滿意,我們與其才能有下一步的發展可能。

喬・吉拉德從小就意識到兌現承諾的重要性,而且也因此得到過很多快樂。小時候,喬・吉拉德很喜歡吃一種名叫比斯考提的小餅乾。母親答應他,只要到假期的時候,都會給他做一次餅乾。儘管他不會在假期裡記得這件事情,但只要一到假期,母親從來都不會食言。

這個關於兌現承諾的美好記憶,讓喬・吉拉德記憶非常深刻,一直到他參加工作多年,都沒有忘記。有一次,他和妻子聊天的時候,回憶起童年吃小餅乾時的美味,說他至今都記得那個味道。妻子微笑著說:「我來幫你做做看。」

喬・吉拉德也就隨口一說,他也以為妻子也是隨口承諾,並沒有把這件事情放在心上。可是,一個星期後,當他下班走進家門後,他突然嗅到了熟悉的味道。這讓他感到異常興奮,嗅覺的記憶,在一瞬間好像讓他回到了童年時代。

正是喬‧吉拉德身邊的人，一直對他信守承諾，所以在他成為業務員之後，他才能一直對顧客保持信守承諾。每一個給喬‧吉拉德介紹生意的「生意介紹人」，都能夠得到喬‧吉拉德的感謝費。關於介紹人的介紹費，喬‧吉拉德給自己定了一個嚴格的規矩，就是馬上付清，絕不會拖著不付。他從來不會打這筆錢的主意，試圖找個理由把這筆錢省下來。

當有顧客拿著介紹人給他的名片來找喬‧吉拉德買車時，喬‧吉拉德發現名片的背面沒有簽介紹人的名字，而買車的人也沒有告訴是誰介紹他來的。事後，介紹人打來電話問他為什麼沒有寄錢給自己，喬‧吉拉德就會回答說：「因為您沒有在名片的背面寫上您的名字，而買車的人也沒有告訴我。現在我知道您是誰了，請您下午就過來拿錢吧。下次記得寫上您的名字，這樣我才能早點付錢給你。」

當喬‧吉拉德向大家承諾每介紹一個人來買車，他就會付給介紹人25美元作為報酬，就等於是向大家作出了承諾。如果最後他沒有兌現承諾，那麼他就是一個說謊者，以後必然不會有人為他介紹買車的顧客。

當然也有人會鑽這樣的漏洞，以介紹人的名義來拿佣金，這樣喬‧吉拉德就會損失25美元。事後，喬‧吉拉德當然會發現自己被騙，但以後還會如此。因為在他看來，這樣鑽漏洞的人畢竟不多，損失也在他承受範圍之內，更重要的是，這25美元，還可以替他贏得一個好人緣。

因此，喬‧吉拉德告誡每一個業務員，如果我們想要成功地向別人銷售產品，就永遠不能違背自己的諾言。信守承諾的人都會重視自己承諾的事情，他們要不承諾，一旦承諾之後，一定會兌現承諾的。而越是這樣的人，越容易獲得成功。反之，一個隨意承諾卻又無法兌現的人，是很難取得成功的。

喬‧吉拉德認識一個名叫亞力克斯的年輕人，他在一家汽車經銷商

第六章 保持誠信—良好的信譽更容易贏得顧客的認同

的服務部門工作，他的職責是在客戶把車開來保養時，填寫維修訂單。這項看似十分簡單的工作，亞力克斯卻做不好，原因在於他是一個隨便誇口的人。

譬如，梅森先生把車開來維修，他會說：「您的車子在 4 點鐘以前就可以修好。」或是「如果有什麼問題我會打電話給您。」然而，他僅僅是說說罷了。現實的情況是，梅森先生來取車時，發現車子還沒有修好。更嚴重的問題是，明知道車子沒有修好，亞力克斯斯卻沒有及時通知顧客。

這樣的情況出現的次數多了，他就遭到了顧客的質疑，繼而對他服務的部門也失去了信心。懊惱的亞力克斯ˇ遇見喬‧吉拉德後，沮喪地說他猜想要被炒魷魚了，為此很擔心。

作為有多年銷售經驗的喬‧吉拉德，便為他分析為何會出現這樣的結果，並告訴他在以後工作中該怎麼去做。

首先，對於自己許下的承諾，不論如何，不管付出任何代價都要準時履行。

其次，在許下承諾之前，要先想一想，我是否能夠做到。

在之後的一個月中，亞力克斯就按照喬‧吉拉德的方法去做。結果他感到很快樂，也不再面臨失業的危險，而且每一個顧客都叫他「真誠佬」。

這是喬‧吉拉德多年的銷售經驗，假如顧客要的車子要在 3 個月之後才能到，他絕對不會為了拿到訂單而和顧客說只需要 1 個月的時間。他寧可說成是 4 個月，如果不出意外的話，當顧客在第 3 個月就能提走車時候，那麼他該多高興——因為他提前 1 個月提到了車。同時，顧客也會認為喬‧吉拉德是一個信守承諾的人。

喬‧吉拉德告訴亞力克斯的方法，也是在告訴我們，應該怎樣去許

諾，許諾之後應該去怎樣做。如果你還沒有達到喬‧吉拉德的要求，那麼就按照這兩點來做吧。之後，我們會發現，我們避免了不能履行承諾的尷尬，不必再為沒有信守承諾而道歉或是找藉口了，那麼我們在顧客的眼中就會成為一個絕對真誠的業務員。

對於業務員來說，承諾就是契約，而所有的契約都是我們的義務。假如我們無法履行承諾時，必須要及時向顧客解釋，讓顧客知道我們不能履行的真正原因，並請求顧客的原諒。這樣我們就不會因沒有履行及時承諾而遭到顧客的非議，最糟糕的就是，我們既不能夠履行諾言，又沒有給客戶合理的解釋，那樣就會使我們的誠信度大打折扣。

信守承諾，有時候比登一座高山還困難，但是只要我們做到了，就會贏得顧客信賴與稱讚。因此，答應顧客的事情就一定要兌現，這不僅是促成交易的有效方法，也是一名優秀的業務員所必須具備的基本素質和職業道德。

第六章 保持誠信—良好的信譽更容易贏得顧客的認同

展示公司的良好信譽

公司是每一個業務員的發展平台，業務員的發展是離不開公司的支持的。沒有一個強而有力的公司在業務員的背後做「後台」，業務員是很難得到顧客的認可的。

在銷售活動中，銷售自己是首要重要的，但是喬‧吉拉德還提醒我們，不要忘記銷售自己的公司。從辯證關係上看，公司和業務員之間的關係是相輔相成的，公司的信譽離不開業務員的維護；業務員的信譽也需要公司的信譽的支撐。如果只有業務員講信譽，而沒有公司的信譽做支撐，就無法取得顧客100%的信任；同樣，如果業務員沒有信譽可言，公司的信譽也會因為業務員而遭到損失。

因此，在銷售過程中，業務員在銷售自己，展示自己信譽的同時，也要銷售公司，展示公司的信譽，這樣才能夠充分得到顧客的信任。首先，業務員每做一筆生意都是一個廣告，代表著公司的整體信譽。因此，業務員是否在顧客面前信守承諾，關係到的不僅僅是個人的聲譽，更大的會影響到公司的信譽。

因為業務員是公司中最早與顧客接觸的，也是和顧客相處時間最長的，因此，業務員的一言一行都會影響顧客對公司的印象。尤其是在顧客對公司並不是十分了解的時候，若是業務員在顧客面前丟失了信譽，那麼即便是公司的信譽再好，也很難再向顧客證明了。

因此，業務員一定要明白自己所肩負的責任，透過自己為公司塑造良好的形象，一個優秀的業務員，往往能夠透過自己的能力讓公司的業績持續增長。

另一方面，公司的良好信譽可以助業務員一臂之力。如果業務員所在的公司在顧客心中已經建立了良好的信譽，那麼業務員幾乎不用怎麼費力就能贏得顧客的信任。對於一些名氣比較大的公司，顧客也許並不熟悉業務員這個小角色，但是對於其公司的赫赫大名卻早有耳聞。因此，即便是業務員本人得不到顧客的信任，但是因為有公司做支撐，顧客也會考慮購買我們的產品。

可見，對於顧客來說，公司良好的信譽往往能夠消除他們對業務員的懷疑，這對我們的銷售活動來說，就等於掃清了一大障礙。通常在顧客的認知裡，名聲顯赫的大公司為了維護自身的信譽，都會聘用高素質的業務員，如國際商用機器公司、美林集團、通用電力公司、通用汽車公司等等。因此，當我們在展示公司的良好信譽時，其實也是在為我們自己做業務。

然而，有的業務員就職的公司只是名不見經傳的小公司，當他們說出自己的公司名字時，顧客的反應通常都是表示自己沒有聽說過。這時候，不管是公司的信譽，還是自己的信譽，都要依靠業務員自己來塑造，也許我們還能依靠自己的技巧和絕招，使我們的公司名聲大噪。這也是喬‧吉拉德經常做的事情。

在許許多多的顧客中，總有一些顧客在接觸我們之前，是沒有和公司中的任何人打過交道的。這時候，展示公司的信譽就需要靠我們一個人來完成。有不少的顧客曾向喬‧吉拉德打聽他們公司的情況，這時候，喬‧吉拉德總是不遺餘力地將公司的種種優點講給顧客聽。

喬‧吉拉德認為不設法向顧客展示你所在公司的優勢和信譽，是一個銷售策略上的錯誤。很多業務員都會在不同程度上對自己的公司有所抱怨，這樣的心態導致了他們在對公司的信任上的大打折扣，因此，在介紹自己的公司的時候，就會有所猶豫，心裡沒底。事實上，只要我們

第六章 保持誠信—良好的信譽更容易贏得顧客的認同

嚴守職業操守,不做對產品、對公司不正確的描述,並且對顧客的提問處理得當,顧客就願意配合我們的銷售活動。

總之,為了使我們能夠得到顧客的信任,為了使我們的公司發展得越來越好,我們就要在顧客的心中為公司樹立起良好信譽的形象。這將為我們今後的工作鋪平道路,是一種雙贏的局面。

第七章
突破異議──
牢牢駕馭銷售的主動權

第七章 突破異議—牢牢駕馭銷售的主動權

被拒絕是銷售的開始

每個業務員都有被拒絕的經歷，而每個業務員對待拒絕的態度也各有不同，有的認為，被拒絕就等於失敗；有的被拒絕之後對自己失去信心；也有的習慣了拒絕，不會緊盯一個顧客，轉而尋找下一個顧客。

不論對待拒絕的態度如何，這都是業務員所必須經歷的。在任何銷售活動中，業務員都可能會遭遇來自顧客的不同意見，作為世界頂級業務員的喬·吉拉德，他和所有的業務員一樣，也經常遭到顧客的拒絕。但是，被顧客拒絕了，銷售難道就結束了嗎？喬·吉拉德對此的回答是：「不是的，真正的銷售才剛剛開始。」

一般情況下，業務員在銷售過程中，一旦遭到顧客的拒絕，立刻心灰意冷，從而主動放棄這筆生意。但是對於優秀的業務員來說，首先會分析顧客拒絕的原因是什麼，是產品沒有滿足顧客的需求，還是自己的服務沒有做好。分析之後，他會改變銷售策略，重新向顧客銷售。

這就是優秀業務員的成功原因之一，他懂得堅持，這樣的人以後注定會成就一番事業。喬·吉拉德認為，堅持是成功的最大祕訣，成功的業務員沒有永遠的失敗，只有永遠的放棄。就好像拳擊比賽，沒有哪個選手能夠一拳就將對方擊倒，都需要連續不斷地重擊，才能打倒對方。同樣，在銷售中，一項較大的銷售活動，需要業務員與顧客進行 5 次以上談判才能成功。

如果業務員遭到一次失敗，就心生抱怨，從而不思進取，開始混日子，那麼最終只能是銷售行業中的底層。當然，也不是說這種日子不可以過，最起碼可以保證衣食無憂，但要想求取大量財富，如果缺乏堅

持，顯然是很難達到的。

喬‧吉拉德也曾經因為缺乏堅持，從而錯失了一次發財的機會。當時，美國掀起一股淘金熱，喬‧吉拉德的伯父隻身前往淘金的地方，買了一塊地開始挖，結果真的挖到了黃金。但當時卻苦於沒有採礦機器，喬‧吉拉德的伯父便將黃金重新掩埋，然後回到家鄉籌措資金購買機器。

當時喬‧吉拉德沒有工作，伯父便邀請他一起淘金。喬‧吉拉德一聽伯父的金礦資源豐富，也動了心，便跟隨伯父一起淘金。

剛開始，他們確實挖到了不少金子，但是好景不長，當他們用賣金子的錢快把債務還清的時候，突然發現再也挖不到黃金了。他們有些慌張，不斷地繼續進行挖掘。經過幾天漫無目的地挖掘，還是沒能發現黃金。

他們的心情一下跌落谷底，覺得這塊地不會再挖出黃金了，於是決定放棄。他們把新買的機器和金礦轉手賣了出去。

新礦主接手後，沒有像喬‧吉拉德和其伯父一樣，開始瘋狂挖掘，而是花了一大筆錢，請專業人士來重新探礦。結果發現，金礦並非沒有黃金，而是遇到了「斷層線」。在這斷層線下的3英呎，就是大量的金礦。

因為喬‧吉拉德和他的伯父的主動放棄，最終他們與這筆財富無緣了。

這個慘痛的教訓讓喬‧吉拉德一直記憶猶新，從那時起，他明白了堅持的重要性。當遇到一件需要堅持的事情，他會想盡一切辦法來論證這件事情，是否有堅持的意義，如果有，那麼他無論如何都不會放棄，一直堅持到底，直至成功。

這個寶貴的經驗，後來喬‧吉拉德應用到了銷售當中。每次約見不同顧客之前，喬‧吉拉德都會事先在腦海中，演練被顧客拒絕的場景，

第七章 突破異議—牢牢駕馭銷售的主動權

然後思考說服他們的話術。等正式見面之後，如果遭到顧客的拒絕，如果事先準備的說服話術沒有生效的話，那麼也能夠為他贏取，再次思考說服顧客理由的時間。

作為業務員，我們不妨像喬‧吉拉德一樣，提前演練應對顧客拒絕的措施。當然，如果成交順利的話，這些措施可能完全用不上，但我們無法保證能與每個顧客達成交易。所以，提前做好準備，我們就能夠坦然面對顧客的拒絕，不僅不會產生挫敗感，反而會透過顧客的拒絕，了解到對方不願意購買我們產品的原因，在下一次銷售中，我們就能有效避免這種情況的發生。

由此可見，被拒絕並不是一件壞事，因此，每個業務員都要擺正自己的心態，善於透過各種方法來克服拒絕而造成的負面情緒。

首先，業務員要堅信所銷售的產品是物有所值的。很多業務員當自己所銷售的產品遭到顧客拒絕後，就會對產品的價值產生懷疑。這就相當於，當別人拒絕我們的時候，我們就開始對自己的能力產生懷疑一樣。這樣導致的結果是，下次向別人銷售產品的時候，我們的底氣不足，眼光游離，甚至沒有勇氣和顧客對視。這樣一來，即使有購買意向的顧客，看到業務員這番表現，也會開始猶豫是否該購買。

其次，在銷售過程中，業務員要始終認識到，不論我們為顧客提供某項服務，還是銷售某件產品，目的都是為了滿足顧客的需求，幫助顧客解決問題。業務員與顧客之間是供應關係，所以我們賺取佣金是天經地義之事。業務員如果能一直保持這種心態，不管面對任何顧客，都會變得從容大方。

最後，不去在意顧客的拒絕。很多業務員在被顧客拒絕之後，都會情緒低落，認為顧客不想再次見到我們。之所以會產生這樣的心理，是因為業務員每天需要面對大量顧客，當我們遭到其中一部分顧客的拒絕

之後，就會下意識地不斷給自己「顧客不想再見我們」的心理暗示。

而對於某個拒絕我們的顧客來說，他可能還要對比其他產品，或者我們的產品沒有滿足他們的需求。所以，他們的拒絕連自己都沒放在心上，作為業務員又何必在意呢？

在銷售過程中，業務員會遭到很多次拒絕，這是非常正常的現象。而更重要的是，不是我們聽到多少個「不」，而是我們聽到了多少個「是」。同樣，失敗多少次也是不重要的，重要的是我們是否採取行動去說服那個「不」字。

喬・吉拉德說：「業務員絕不該把顧客的拒絕當成這筆生意無法成交。我希望你儲存一些成交發，是因為如果第一次不成功，你還可以再試一次，直到最後你做成這筆交易為止。」

這也確實是喬・吉拉德獲得成功的訣竅之一，當他被拒絕 7 次以後，他就開始想，或許顧客沒打算要買，但他還要再試 3 次。

「偉大是熬出來的。」確實，對於業務員來說，要想做出一番令人刮目相看的業績，首先要學會在銷售中堅持，與眼前的一切阻擋物硬碰硬到底。在這個過程中，我們或許會頭破血流，但只要能夠「熬」下去，那麼終有一天，我們會看到自己想看到的風景。

第七章 突破異議—牢牢駕馭銷售的主動權

「考慮考慮」不等於拒絕

很多業務員在做完產品介紹後，可能會經常遇到顧客「我再考慮考慮」的回答。一旦出現這種情況，業務員就會覺得非常尷尬，認為這是顧客變相的拒絕，已經沒有再繼續銷售的必要了。

其實不然，多數情況下，顧客口中的考慮，其實是相當程度的拖延，而不是真正的拒絕。當顧客說「我會考慮的」、「我不會立刻做決定」、「給我點時間，讓我再想想」之類不確定的回答時，往往包含以下幾種意思：

我現在沒有足夠的錢。

我想去別的地方看看有沒有更好的產品。

我不能完全相信你的介紹。

我說了不算，得徵求丈夫（妻子）的意見。

你們公司的信譽不可靠。

我不喜歡你這個人。

……

不論顧客出於什麼原因猶豫是否該購買產品，但有一點肯定的是，多數顧客都是有購買慾望才來選購產品的。所以，對於業務員來說，還是有成交的機會。先讓我們看看喬‧吉拉德是如何處理顧客需要考慮的問題。

一次，一對夫婦來喬‧吉拉德的店裡選購新車，經過一番試駕，顧客表示他們需要考慮考慮。喬‧吉拉德沒有繼續進行勸說，而是說：「實

在是太有趣了，我感覺我和我的妻子和你們兩位非常相似。」

顧客聽到這話，十分好奇地問：「真的嗎？哪裡比較像？」

喬‧吉拉德回答說：「我們也喜歡一起做決定，我們喜歡討論過後一起作決定的感覺。我非常喜歡二位，但是我從來不會給我的顧客壓力。如果我的顧客感覺自己被壓迫著簽單，或者當他們走出我的店鋪時心情低落，那麼我寧願不做這筆生意。那麼我先出去一會兒，您二位可以在這裡慢慢地考慮討論。我就在隔壁辦公室，如果你們有任何需要，就來叫我。不要著急，慢慢商量。」

夫婦二人聽了這番話之後，感覺十分輕鬆，覺得喬‧吉拉德是一個通情達理的業務員。但是喬‧吉拉德卻知道，他們所說的考慮指的是幾天，而不是僅僅幾分鐘。所以，他給他們留了 10 分鐘的商量時間。

等時間差不多的時候，喬‧吉拉德會推門進去，興奮地告訴這對夫婦：「你們真是太幸運了！我剛剛得到通知，我們的服務部門已經將車準備好了，下午就可以提貨！這種情況還真是少見，以往顧客要提車，非得等上幾個月不可。看來您二位和這輛車非常有緣！」

一般來說，很多顧客購買某件產品的時候，都會有貨比三家的心理，如果沒有這個過程，他們是不甘心在首選這家店購買的，原因很簡單，無非是擔心價格昂貴。在這個時候，業務員就得像喬‧吉拉德一樣，用其他快捷服務來打動顧客。

眾所周知，在汽車銷售行業中，顧客要想實現當天購買就能提車的願望，不太容易，總需要等幾天、幾個星期，甚至是幾個月。喬‧吉拉德深知，很多顧客都不想等待，即便是幾天，他們也很難忍耐。所以，當顧客說考慮的時候，喬‧吉拉德就明白，當天提車就能立刻結束顧客的猶豫，從而促成一筆生意。

第七章 突破異議—牢牢駕馭銷售的主動權

當然，對於業務員來說，喬·吉拉德的應對方案並不適用所有的顧客，但是他的思維卻能夠帶給我們不少有益的思考。所以，面對顧客說要考慮的時候，業務員可以用以下幾點實現進一步銷售。

一、贊同顧客的說法

首先贊同顧客的說法，並面帶微笑說：「那很好，××先生／小姐，看來您很感興趣，不然也不會花費時間去考慮的，對吧？」有時候，反問能夠有效地提醒顧客不必再拖延。與此同時，業務員還要對比競爭對手產品的價格、品質，以向顧客證明，我們所銷售的產品是性價比最高的。這樣才能達到臨門一腳的效果，促成交易。

二、確定顧客的經濟實力

如果顧客表示願意購買，那麼表明產品價格是他能夠承受的範圍之內。但顧客表示要「考慮」，那就有可能是以他目前的經濟能力，無法承擔購買產品的費用。此時，業務員就要想辦法解決顧客的經濟問題，比如說服顧客分期付款。只有先把經濟問題解決，最後才能促成交易。

三、弄清楚顧客考慮的原因

如果顧客表示考慮的時候，業務員就要引導顧客說出他們真正的考慮原因。當然，要想引導成功，也並非易事，下面我們就透過具體的事例來演示一下業務員該怎麼做。

假如業務員向一位女士進行完空調的銷售展示之後，她雖然表示認可，但是卻遲遲不肯作出購買的決定，始終說自己想要再考慮一下。這時，如果業務員說：「這款空調真的很適合您，還考慮什麼呢？」這樣的回答帶有咄咄逼人的意味，容易讓顧客產生反抗心理。畢竟，購買空調也是一項不小的支出，顧客表示考慮也合乎情理。

如果換成「這款空調的性價比真的很高，您就不用再考慮了」這樣的

說法也不合適，因為語氣裡有訓導的意味，況且也沒有任何說服力。

或者換成「那好吧，歡迎您回家考慮好了再來」這樣的回應也十分不妥，因為這個回答既沒有展現出業務員已經盡力，而且還有驅逐客戶離開的感覺。一旦業務員把這句話說出去，那麼顧客只有選擇尷尬地離開。

面對這種情況，以上三種回應顯然不合適。而作為業務員，應該站在顧客的立場上，去解決他們需要考慮的問題。

比如，業務員可以這樣說：「您可以考慮一下，畢竟買一台空調也是一筆不小的開銷，考慮一下是可以理解的。或者您可以回家和丈夫商量一下，這樣以後也不會後悔。這樣吧，您也看了半天了，想必也累了，要不先坐下休息一會兒，我再給您介紹幾種不同款式的空調，好讓您多一些選擇。」

業務員這樣說，首先認同了顧客需要考慮的說法的合理性，能夠爭取顧客的心理支持。其次，又能以此為理由，順理成章地為顧客介紹其他幾款空調，從而延長顧客的留店時間，為業務員了解顧客需要考慮的真正原因，爭取到了足夠的時間，並為建立雙方的信任打下了基礎。

還有一種說法，就是業務員可以透過詢問顧客對產品不滿意之處，幫助其消除顧慮的原因。比如，業務員可以這樣說：「我也能夠看出來，您確實挺喜歡這款空調。可您說想再考慮一下，當然這種想法我可以理解。只是我可能有說明不到位的地方，所以如果可以的話，您不妨說說主要考慮的是什麼呢？」

業務員說這些話的時候，要始終面帶微笑，並適當停頓，以引導顧客說出自己的顧慮。當顧客說出一部分原因後，業務員可繼續追問：「除了這個問題之外，您還有其他原因導致您不能現在做出決定嗎？」如果顧客表示仍然有顧慮，那麼業務員就繼續解決，一直到徹底解決為止，

第七章 突破異議─牢牢駕馭銷售的主動權

然後說:「我不知道對於您關心的問題,我是否解釋清楚?」如果顧客表示自己十分清楚了,業務員就可以藉機說:「那好,您的送貨地址是哪裡?我們將在兩小時之內給您送到。」

顧客之所以表示要考慮,最大的原因還是在於,業務員沒有說服他們。所以,業務員在處理此類問題時,就要在最短時間內克服顧客考慮的各種障礙,只有如此,才能真正促使顧客選擇購買。

聽懂顧客異議背後的潛台詞

在銷售中，每個業務員都遭遇過顧客「我沒有興趣」之類的異議。通常情況下，業務員對顧客的這種回答，都一致認為，顧客沒有任何購買的願望。其實不然，在喬·吉拉德看來，顧客提出異議往往是希望業務員能夠給他們一個購買的理由。

儘管喬·吉拉德也承認，面對一位總是搖頭並提出一些評價，諸如「我不喜歡它」之類的負面評價的顧客，要想與其達成生意，雖然是一項高難度銷售，但並不意味著沒有成交的機會。喬·吉拉德將顧客的反對意見當成正面資訊，也就是說，如果他能夠處理顧客的異議，也就等於完成了此項交易。

業務員要明白，顧客是在猶豫是否該購買我們的產品的時候，才提出一些意義，而這些異議也並不意味著拒絕購買，而是出於產品是否能夠滿足他們需求的考慮。所以，業務員要做的是，能夠透過顧客的異議，判斷出對方的異議是真正的拒絕，還是希望我們給出一個具有說服力的購買理由。如果業務員無法掌握顧客異議背後的潛台詞，就會失去很多成交的機會。

比如，顧客常常會說：「我並不認為這個東西值這個價格。」這句話的潛台詞就是，如果業務員能夠證明這件產品絕對物有所值，甚至是物超所值，那麼顧客就會購買。

當顧客提出「我覺得這件衣服的尺寸不太適合我」這樣的異議時，潛台詞就是，希望業務員證明這個尺碼正好適合顧客。

當顧客提出「我再到別處看看」這樣的異議時，潛台詞就是，如果業

第七章 突破異議—牢牢駕馭銷售的主動權

務員不以顧客心目中的價位成交的話,那麼他就要離開了。

當顧客提出「我從來沒有聽說過這個牌子」這樣的異議時,潛台詞就是顧客雖然很滿意產品,但是不知道產品是否值得信賴,如果業務員能充分證明該產品值得信賴,那麼顧客就一定會購買。

透過這些常見的異議,我們不難看出,顧客之所以提出異議,並不完全是因為他們沒有購買的意願,而是擔心個人的利益會在購買中受到損失。因此,業務員只有弄明白顧客異議的真實原因,才能找到解決辦法,從而促成交易。

但問題是,要想突破顧客的異議並不容易,那麼業務員該怎麼做呢?喬‧吉拉德指出,當業務員面對顧客的異議,而找不出真正的原因時,可以用一種愉快的、真誠的、非對抗性的方式來提出我們的問題,以得到顧客的真實想法。

而有的業務員面對顧客的異議時,往往不會進入深入追問,擔心會招致顧客反感。其實不然,顧客所提出的異議,都是為了掩蓋真正困擾他們的問題。所以,為了抓住這個問題,業務員必須向顧客提問,以揭露他們的真正異議。比如,一位顧客在看過喬‧吉拉德介紹的汽車後,說道:「我想再考慮考慮。」

喬‧吉拉德單刀直入地問:「我知道這部車對您來說真的非常完美,而且它也很有價值,但我心中覺得有些事您有所迴避,我想知道您今天遲遲不下決心的真正原因。」

那位顧客說:「沒什麼,我就是想再考慮考慮。」

「您在考慮什麼問題呢?也許我能夠幫助您解決。現在就我們兩個人,您不妨說說。」喬‧吉拉德十分坦誠地說。

「那好吧,我說實話,我覺得這輛汽車的價格超出了我的承受能力。」顧客說。

就這樣，在喬‧吉拉德不斷地追問下，那位顧客終於說出了實情。在銷售中，有一個顧客最難以啟齒的異議就是，以他們現在的經濟實力，還不足以購買業務員的產品。而要顧客承認這一點，會使他們很難為情，這會傷害他們的自尊。所以他們就會說一些「我再考慮考慮」「我不喜歡這款產品」「它不適合我」類似的虛假異議。

所以，喬‧吉拉德一旦得知顧客真正的異議之後，那麼他就可以為顧客提供價格打折、分期付款等各種解決方案，最終讓顧客確信他們還是有能力買一部車的。

此外，最好的情況就是，顧客能在異議中，明確地解釋出不願意購買產品的原因。比如，他可能會說：「我還是覺得 ×× 公司的產品更好一點，如果產品出現問題，只需要一個電話，就能夠立刻得到解決。」

在這樣的異議中，顧客就十分明確道出了他對產品的要求。這時，業務員就可以集中精力，讓顧客相信，我們的產品的售後服務並不會比其他公司差。比如，業務員可以這樣回答：「我們公司設定了 24 小時售後熱線，只要您的產品出現了問題，我們的售後人員會在 3 個小時之內幫您解決問題。」

除了透過異議來判斷顧客真正的想法之外，業務員還可以透過顧客的肢體動作來了解顧客的想法。有的時候，顧客即便是對產品不滿意，也不會直接提出來，但是會透過一些細微的肢體動作，來表示自己的抗議。

一、對銷售展示沒有回應

當顧客對業務員的銷售展示沒有任何反應的時候，這就是表示顧客並不想和業務員進一步交談，但是出於禮貌他們不會直接對業務員說：「你的介紹就到此為止吧，你所銷售的東西我不需要。」

通常情況下，大多數業務員就選擇直接放棄銷售。而這樣做，只能

第七章 突破異議—牢牢駕馭銷售的主動權

是白白流失一個顧客。面對顧客的冷淡，業務員不妨保持適當的沉默，以留出時間讓顧客考慮幾分鐘。一般情況下，顧客最後還是會主動與業務員表達自己的想法，業務員便可趁此機會再次進行銷售。

如果顧客確實沒有再繼續交談下去的傾向，業務員也沒有必要失望，可以這樣對顧客說：「等您什麼時候考慮好了，隨時都可以過來談。」這時，業務員一定要和顧客約定好下次見面的時間和地點，這樣既給了顧客足夠的尊重，也贏得了下次銷售的機會。

二、交談中身體後傾，雙手抱胸

當顧客與業務員在交談的過程中，忽然身體開始後傾，雙手抱胸，不再主動接我們的話題，就表示我們現在所說的話題，已經引不起顧客的興趣了。所以，此時業務員應該立刻改變話題，說一些顧客感興趣的話題，從而引導顧客繼續交談。在這個過程中，業務員可以這樣說：「是嗎？沒想到您對這件事情的見解這麼深刻，可以深入解釋一下嗎？」這樣一來，把話語權交給顧客，滿足對方的自尊心，對銷售成功大有幫助。

三、頻繁看時間

當顧客頻繁地看時間，這說明他已經很不耐煩了。這時，業務員要適時停止一切話題，主動詢問顧客是否有事情需要處理。當顧客明確表示確實有事時，業務員要主動將對方送出去，並且不要忘記預約下一次面談。反之，如果顧客表示沒有事情，業務員就應該想一想，我們的銷售介紹是否有些枯燥，或者沒有說到顧客心裡。如果有必要，業務員要主動詢問顧客，讓對方提出問題，我們來回答。

在銷售過程中，沒有哪個業務員喜歡面對顧客的異議，但業務員如果想做出一番業績，就必須把顧客的異議當成事業的一部分，正如喬‧

吉拉德所說：「我估算在我整個銷售生涯當中，80%的生意，至少是在我處理完一個反對意見後才成交的。」

所以，業務員只有鼓足勇氣、想盡一切辦法去面對顧客的異議時，就意味著我們已經成為一個專業的業務員了。

第七章 突破異議—牢牢駕馭銷售的主動權

不要與顧客爭辯

對於顧客來說,他們在購買某件產品或者某項服務的時候,擔心自己一旦提出異議,立刻就會引起業務員的爭論,而爭論往往有強迫購買的意味。喬‧吉拉德說:「業務員的工作並不是要打勝仗或是打敗仗。我曾經看到業務員和顧客陷入爭論中,但不管是誰贏得了這場爭論,銷售都無法達成,永遠也不要和顧客爭論,因為到最後你會與他成為敵對的狀態。」

可見,與顧客爭論永遠是業務員的禁忌。一旦產生爭論,只能是將顧客逼到牆角,結果導致成交失敗。所以,不管顧客提出了什麼樣的異議,業務員都要克制自己的情緒,不要和顧客產生爭論。有一位顧客這樣說過:「不要和我爭辯,即使我錯了,我也不需要一個自作聰明的業務員來告訴我。他或許能夠辯論贏了,但是卻輸掉了這場交易,並且是永遠的。」

對於顧客這一心理,喬‧吉拉德十分熟悉。所以,在銷售過程中,他從來都不與顧客產生正面衝突,而是巧妙地化解顧客的異議。比如,有一次一位顧客看了許多汽車說出了「我只是隨便看看,不打算買汽車」這樣的異議。

面對這樣的顧客,喬‧吉拉德的一些同事,就會立刻反擊說:「你還四處比較什麼?你要的車就在我們這裡!」這樣的言語一出口之後,立刻會讓顧客陷入尷尬和惱怒之中:「買車畢竟不是一件小事情,我難道不能四處比較一下嗎?」爭論到最後,顧客已經徹底打消了買車的打算,開始為了討回自己的尊嚴繼續和業務員爭論。

而喬‧吉拉德遇到這種情況,絕對不會說那樣有傷顧客自尊的話,

他會像朋友一樣和顧客聊天。顧客即便不買車也沒關係，等到他真正有買車慾望的時候，自然會想到喬‧吉拉德。

即便遇到直接提出異議的強勢顧客，喬‧吉拉德處理的也很藝術。有一次，一位顧客十分明確地告訴喬‧吉拉德：「如果你想施加壓力說服我買車，我會把你從那個大玻璃展示間的窗戶丟出去！」

如果換作其他業務員，聽到顧客如此說話，必然會惱怒萬分，即使忍住不發作，也會對其失去銷售的興趣。而喬‧吉拉德卻這樣回應：「先生，真的很高興認識您！您知道，我認為那是一段美好友誼的開始。」幽默的回答立刻化解了尷尬，顧客的情緒馬上就放鬆了下來，並與喬‧吉拉德成為了朋友。在接下來的幾年裡，這位顧客從喬‧吉拉德的手裡買過9輛汽車。

面對這位脾氣火爆的顧客，如果喬‧吉拉德沒有機智應變，而是與其進行爭論，會有什麼後果呢？爭論到最後，雙方必然會大打出手。這樣一來，最後受到最大損失的還是喬‧吉拉德。

所以，對於業務員來說，不要與顧客爭論，這樣只會讓對方更堅信自己沒有錯，從而造成雙方巨大的裂痕。不論爭論的結果是贏還是輸，對於業務員都沒有任何好處，因為我們讓顧客丟掉了面子，他們不會再向我們買任何東西了。

反之，如果業務員能夠順從顧客的意思，用機智化解爭論，最後往往能贏得顧客的信任。喬‧吉拉德認識一位保險業務員。有一次，這位業務員去一片麥田裡，拜訪一位正在操作拖拉機的農夫。因為機器轟鳴聲音太大，農夫不得不關掉機器，以便能夠聽清業務員說話。不過，這位農夫脾氣比較火爆，因為工作被打斷，而對業務員大發雷霆。

身材高大的農夫，從拖拉機上跳下來，走到業務員面前瞪著眼睛說：「我對天發誓，如果下次有像你這樣壞心腸，長得又瘦又小的業務員

第七章 突破異議—牢牢駕馭銷售的主動權

再向我銷售什麼東西，我一定要了他的命。」

業務員毫無畏懼，盯著農夫的眼睛說：「先生，在你行動前，最好多買幾份保險吧！」

氣氛立刻變得有些緊張了起來。不過很快，農夫就哈哈大笑說：「年輕人，我們進屋說吧，我想聽聽你銷售的東西。」

進屋後，農夫用力拍了拍業務員的肩膀，對妻子說：「親愛的，這個小傢伙認為他可以殺了我！」說完，又爆發出一陣爽朗的大笑。結果，農夫很爽快地從業務員那裡購買了保險。

你看，這位業務員用他的機智，不僅化解了顧客的異議，而且還贏得了對方的信任，從而取得銷售的成功。可見，在面對顧客的異議時，業務員有必要學會機智巧妙地應對。正如所謂：「兵來將擋，水來土掩」，化解顧客的異議，最好的辦法莫過於用機智幽默，將爭論化解於無形之中。

況且，顧客很多時候提出的異議，是不值得業務員爭論的。例如，一位顧客去買相機，在專櫃看好以後，已經準備付帳了。這時，顧客突然對業務員說：「你們的產品為什麼讓×××代言？她除了長相普通之外，說話聲音也不夠動聽！在我看來，應該讓××來代言你們的產品。」

業務員聽後，立即反駁道：「您所說的××只是在國內比較有知名度，我們的產品是要開啟國際市場的，所以我們挑選的代言人是在國際上比較有知名度的。」顧客聽到這樣的回答，十分不滿，最後雙方便因誰更適合擔任產品代言人而爭論起來，本應該水到渠成的生意在最後關頭泡湯了。

很顯然，顧客提出的那位明星，是他所喜歡的，沒有人願意聽到自己的偶像遭到別人的貶低，就算這位顧客並不是十分喜歡他所提出的明

星,但是同樣也無法容忍自己的建議遭到業務員的反駁。

面對顧客提出的一些不值得爭論的異議時,業務員不妨順著顧客,給他們一個滿意的答覆。比如,我們可以這樣回覆說:「您說的明星,確實十分合適代言我們的產品。我們已經打算下次請她代言了。」這樣回答,既滿足了顧客的自尊,又避免不在這個問題上繼續糾纏下去。

作為業務員,我們不應該向顧客證明我們的聰明,這樣做只能傷害到顧客的自尊。業務員應該做的是,讓對方感到我們是真心實意地為他提供服務,甚至有必要的時,我們還要肯定顧客的一些觀點和見解,哪怕有時候顧客的觀點並不客觀,都不要與其爭論。要永遠記住業務員的終極目的,解決顧客的所有異議,滿足對方的自我需求,然後直奔成交的主題。

所以,業務員在銷售中遇到顧客的異議之後,應該遵循一下幾點處理方法:

一、放鬆情緒,避免緊張

顧客的異議是必然會存在的,因此聽到顧客一些過分的異議後,業務員首先要控制好自己的情緒,不可動怒,也不能採取敵對的行為,應該以微笑面對顧客,繼續了解顧客所提異議的內容和重點,通常可以使用這幾種話術作為開場白:「很高興您能為我們提出建議」、「您的意見非常合理,我們一定會考慮」等等。

二、異議也要認真聽

業務員常常會對顧客所提出的異議表示出不滿或厭煩的情緒,這是錯誤的做法。就算是顧客提出了異議,業務員也要認真傾聽,同時對顧客所提的意見,要表現出誠懇聆聽的狀態。只有給顧客足夠的尊重之後,顧客才能願意接受業務員提出的意見。

三、重複問題，證明了解

必要的時候，業務員可以重述一下顧客的反對意見，並且要詢問顧客是否正確，並選擇反對意見中的若干部分加以贊同。這樣做能讓顧客感覺到自己的意見受到了重視，進而就能對業務員產生好感和信任。

總之，業務員應該向喬‧吉拉德一樣，對顧客的提出的意見加以認同，不要與顧客爭論，牢記這一經驗，讓顧客在瑣碎的爭論上贏過我們，我們將收穫的是更好的業績。

讓顧客無法拒絕

有時候，儘管業務員在對產品做了詳細且必要的介紹後，顧客仍然表現出一副游移不定的態勢，最後他們往往會說類似這樣的話，從而委婉地拒絕成交。比如他們會說一些「我想再看看」、「我會好好考慮」、「你給我一張名片，我決定之後給你打電話」之類的話。

在喬‧吉拉德看來，顧客之所以會一再拖延成交，是因為他們認為不安全、不保險，否則的話沒有人會在明知道購買決定正確的情況下拖延。如果顧客藉口明天才能做決定，僅僅是因為他們今天缺乏決策的信心。

造成顧客這樣心理的原因有很多種，喬‧吉拉德認為最主要的原因，還是顧客受到了業務員的影響。如果說熱情會傳染，那麼遲疑的態度也會傳染。尤其是在一些缺乏自信的業務員之中，因為對自己、對產品都不能做到絕對的信任，因此，害怕遭到顧客的拒絕，導致他們在與顧客即將成交的時候，變得吞吞吐吐。這種猶豫一旦產生，就會在業務員的眼神、表情以及體態語言中暴露無遺。

雖然有時候業務員會極力的掩飾，但還是容易引起一些細心顧客的注意。對於顧客來說，他們是個人金錢的主人，因此對於是否決定購買會保持一個比較慎重的狀態。儘管他們並不清楚業務員，為何會有這般表現，也不知道究竟發生了什麼事情，但是在潛意識裡卻捕捉到了這些動搖訊號，於是他們開始變得猶豫起來，甚至滿腹疑慮地對業務員說：「我需要再考慮考慮，有了結果，我會通知你。」

當然，也有與之相反的情況，當業務員表現出自信、果斷時，也同

第七章 突破異議——牢牢駕馭銷售的主動權

樣能夠影響顧客的購買決定。作為業務員的我們也曾當過顧客的角色，也會遇到類似這種情況，而促使我們決定購買的真正原因，則和業務員的態度有很大的關係。業務員的表現比較果斷自信，那麼我們也會受其影響，在不知不覺中就決定了購買。

喬·吉拉德在這方面深有體會，那是他準備去拉斯維加斯度假的時候，一位女性業務員給他留下的深刻印象。

那天，他走進一家旅行社，隨手拿起桌子上一本夏威夷的宣傳冊翻看。這時，業務員走上前來問喬·吉拉德：「您去過夏威夷嗎？」喬·吉拉德開玩笑道：「嗯，做夢的時候去過。」業務員聽後，又拿了一些圖冊給喬·吉拉德，並對他說：「我想您一定會喜歡的。」說完她還熱情洋溢地描繪了夏威夷的一些美麗風景，喬·吉拉德深切地感受到了業務員的熱情，最後她還畫了一幅畫送給喬·吉拉德，上面是喬·吉拉德和他的太太躺在海邊愜意的情景。業務員還自信地表示，喬·吉拉德一定會和他太太度過一生中最快樂的時光。

顯然，業務員的態度影響到了喬·吉拉德，他決定放棄拉斯維加斯，把夏威夷當作新的度假的地方，並且開始計算去夏威夷度假的費用。算到最後，喬·吉拉德發現此次度假所需費用已經超過了他的預算，於是他變得有些為難起來了。

對於喬·吉拉德的猶豫，業務員全都看在眼裡，她微笑地問：「先生，您上次度假是什麼時候的事了？」

喬·吉拉德不好意思地說道：「已經是幾年前了。」

「哦，那您簡直欠您太太太多了。」業務員笑著說：「生命太短暫了，像你這樣努力工作卻不給自己獎勵是不行的。再說了等這次度假結束之後，您會發現您的狀態會比之前更好，一定會做出更好的銷售成績。到那個時候，您就會發現，這次度假的費用，不過是您賺取佣金的一個零頭罷了。」

業務員的一番話，徹底說服了喬‧吉拉德，最後他選擇了去夏威夷。出了旅行社，他還在奇怪，自己在進去之前從來沒有想過要去夏威夷，為什麼出來之後，就改變了行程。回憶之前發生的一切，他終於明白了，是那位業務員自信而果斷的銷售話術，使他最終改變了主意。

由此可見，業務員的銷售態度表現好壞與否往往能夠左右顧客是否決定購買。要想讓顧客無法拒絕，業務員首先要從態度上糾正自己，始終保持一個自信果斷的銷售態度，從而影響到顧客。

同時，喬‧吉拉德還指出，如果想要促成顧客購買，還要給予顧客幫助。沒有顧客希望自己看了諸多產品之後空手而歸，他們之所以一無所獲最大的原因，在於業務員沒能提供他們潛意識裡想要的幫助。

比如，一位藥劑師了解到，同行裡有很多人都用上了新的電腦，新電腦裡的功能能夠很好地把帳目和客人的處方整理好，相比舊電腦的老式系統來說，新電腦不僅節省時間，而且還大大提高了工作效率。

所以，這位藥劑師很急切地想購買一台新電腦，於是他來到電腦公司，希望業務員能夠給他做一個詳細的銷售介紹。然而這位電腦業務員的銷售介紹卻不盡人意，以至於介紹結束後，藥劑師還是一頭霧水，心裡不免有些遲疑，最終打消了購買意願。

可想而知，明明有購買意願的藥劑師卻因沒有得到業務員的幫助而決定放棄購買。雖然放棄了購買，但不難想像，藥劑師還是會感到失落的。

所以，對於業務員來說，要想最大可能地提高成交率，首先要盡力為顧客提供幫助。首先，業務員必須為顧客提供他們能夠從我們的產品中受益的各種資訊、證據。其次，我們必須幫助他們做出恰當的購買決定。最後，我們還必須為他們提供良好的服務。

如果業務員能夠為顧客提供以上幫助，那麼就等於為顧客掃清了決定他們購買的障礙。這樣一來，顧客自然就不會拒絕購買我們的產品了。

第七章 突破異議—牢牢駕馭銷售的主動權

最後，喬·吉拉德還指出，為了讓顧客無法拒絕，業務員最好在第一時間就能處理好顧客所提出的異議，從而盡量加快銷售的模式。這就需要業務員在處理顧客的異議之前，要有一定的準備。首先要對顧客可能提出的各種拒絕理由做到心裡有數，並且作出相應的解決策略。這樣可以避免顧客提出異議後，業務員因為不知道怎樣應對而慌張，無法給顧客一個滿意的答覆，從而導致顧客流失。

為此，業務員應該在平常的銷售活動中，留心顧客提出的異議，總結規律並記錄下來，一一找出最佳的應對方案。除此之外，業務員還要掌握處理顧客異議的最佳時機，時機掌握得好，不僅能夠完美地處理顧客的異議，而且也能增加成交機率，那麼什麼時機才是最佳時機呢？

第一，要在顧客的異議還沒有提出來的時候，給予顧客答案。這就相當於防患於未然，在業務員覺察到顧客將要提出異議前，就主動提出來並給予解釋，這樣顧客就沒有了提出異議的機會。當然，業務員也需要向顧客說明，他們想提出的異議，其他顧客也曾提出過，以此證明他們的異議是多餘的擔心。

第二，當顧客表現一直猶豫不決的時候，業務員需要過一會兒再回答顧客的異議，因為一般來說，這樣的異議不是三言兩語就能化解。與其這樣，不妨再等一會兒，當自己考慮成熟了，再回答顧客。

如果業務員能夠做到讓顧客無法拒絕，那麼就能大大地提高我們的成交機率。因此，業務員應該在實際工作中，不斷鍛鍊自己處理異議的能力和技巧，只有如此，才能最大可能地讓所有顧客接受我們。

巧妙化解顧客拒絕理由

在銷售過程中，很多顧客都會找各種藉口來拒絕業務員。但是對於經驗豐富的業務員來說，除了能夠很好地處理常見的藉口，還能對一些沒有遇到過的藉口應對自如。而這也是他們一直能夠保持良好銷售業績的原因之一。

而實際上，妥善處理顧客的藉口，是需要技巧的。這個技巧不是憑空就能夠學到的，需要業務員在實際銷售當中不斷累積經驗，並學會總結。而在學習如何處理顧客藉口之前，業務員首先需要遵守以下準則：

一、不要和顧客爭辯；

二、調整好自己的態度，不得動搖；

三、明確重要的反對理由；

四、答覆顧客藉口的回答中，要有可以表示贊同的地方；

五、重複一遍顧客的藉口，然後再答覆對方；

六、不要對顧客的藉口表示出輕蔑；

七、不要用「為什麼」來回答顧客的藉口；

八、為某些常見的藉口事先想相處應對的答案；

九、答覆要簡單。

在遵守這些原則的基礎上，業務員在處理顧客的各種藉口的時候，可以借鑑喬‧吉拉德的方法。

第一種情況：顧客藉口說產品太貴了，買不起。

喬‧吉拉德認為，對於顧客的這種藉口，業務員有必要做一些試探，

第七章 突破異議—牢牢駕馭銷售的主動權

深入地了解一下，因為並不排除顧客是真的買不起。如果顧客說的是真的，我們就可以介紹一些價格低一點的產品給他們。通常情況下，顧客要是真的是囊中羞澀，那麼任憑我們再怎麼誇耀產品的優點，也不能促使顧客做出購買的決定。

當然還有一種可能，如果顧客很需要我們的產品，並且他們認為是貨真價實的話，這樣說只是希望我們能夠作出價格上的讓步。

針對以上情況，喬·吉拉德的做法是，分解費用，即將價錢分解為顧客可以負擔的小數目，以每週、每天，甚至每小時來計畫。

喬·吉拉德曾經為一位顧客做過這樣的價格分解：一輛新車15000美元，如果按照月付款的話，每個月只需300美元；如果按照每天計價的話，只付10美元！這樣一來，即使再抱怨沒錢的顧客，也會算一筆經濟帳，他們會意識到，分期付款確實是一個好辦法，自然就會同意購買了。

第二種情況：顧客藉口說自己要和家人商量一下，或者是跟同伴商量一下。

在這種情況下，往往是考驗業務員觀察能力的時候。這時，業務員需要在最短時間內，找到真正能夠決定購買的決策者。比如，我們可以對顧客這樣說：「我們所剩的存貨已經不多了，我建議您給您的家人（顧客要與之商量的人）打個電話，徵求一下他的意見，畢竟好東西早點買回家，就能早點使用。」

如果顧客回答說，他就是有決定權的人。那麼業務員就可以說：「太好了，那您可以自己做決定買回自己喜歡的東西了。」一般來說，這樣的回答能夠在成交的最後關頭，避免顧客做出反悔的決定。

第三種情況：顧客以「我再到別處看看」作為藉口。

業務員在銷售過程中經常會遇到這種情況，當我們花費了很大力氣

做完銷售介紹後，顧客卻以類似「我不喜歡它的顏色」、「我不喜歡這個品牌」、「我只是來轉轉」這樣的藉口，轉身離去。多數業務員遇到這種情況後，除了失望之外，卻又沒有任何辦法。

喬‧吉拉德也遇到過這樣的情況，不過當他聽到顧客說出類似以上藉口後，沒有一點沮喪，而是信心十足地問顧客喜歡什麼牌子或是什麼型號的汽車。如果顧客說他喜歡的是豐田汽車的話，這時喬‧吉拉德就會拿出一份關於豐田汽車所有的數據，這些數據是他用幾年時間收集起來的，內容包括豐田汽車的一切負面報導。

顧客接過數據之後，喬‧吉拉德就藉口出去幾分鐘。當他再次出現的時候，會詢問顧客是否還要繼續看關於豐田汽車的數據，這時八成的顧客都會表示不願意再看了。此時，喬‧吉拉德認為成交已經是水到渠成，於是拿出合約，告訴顧客這才是他們最正確的選擇。

在很多人看來，喬‧吉拉德的這種做法有違職業道德，但是他個人認為這就像是律師在為自己的案子辯護一樣，沒有任何錯誤，而且更重要的是，他並沒有詆毀自己的競爭對手，他所提供的數據是絕對屬實的，況且他並沒有承認自己的車是毫無缺陷的。因此，對於這樣的方法，業務員運用時，一定要注意尺度，避免引起不必要的紛爭。

第四種情況：顧客以「考慮考慮」作為藉口。

當顧客以「考慮」為藉口時，一種情況是他為了照顧業務員的情緒，不忍心直接拒絕，只好委婉地說他需要考慮一下。對於這種情況，業務員應該努力爭取到下一次見面的機會，如果顧客答應了，那麼在下次見面之前，業務員就需要調整自己的銷售策略。

另一種情況就是顧客本人比較優柔寡斷。這時候，業務員就要讓顧客感覺到我們是站在他們的立場上考慮問題，首先要肯定他們的說法，然後找到突破口，最後促使他們購買。

第七章 突破異議—牢牢駕馭銷售的主動權

　　第五種情況：顧客以「我太忙了，沒有時間聽你詳細介紹」作為藉口。

　　面對這種情況，業務員不能亂了陣腳，不論顧客是真忙還是假忙，都要盡量爭取時間，請求他們給我們 5 分鐘時間，然後我們在 5 分鐘之內盡量引起他們的興趣。

　　當 5 分鐘過去後，我們可以留意顧客的反映，如果顧客仍然表示沒有時間，但是卻對產品十分感興趣的話，他會主動要求進行第二次洽談；如果 5 分鐘過後，顧客不再強調他很忙，我們就可以安心地介紹我們的產品了。

　　第六種情況：顧客以「給我一些數據，我看完之後再給你答覆」作為藉口。

　　顧客之所以提出這樣的要求，最大的可能是他們希望從數據中找到產品的缺陷，並以此為藉口推掉這場交易。

　　面對類似的異議，喬・吉拉德通常會這樣回答：「如果有人問您這麼漂亮的車子是從哪裡買的，您可以拿這些小冊子給他們看。」這樣的回答假定了這場交易已經達成，以及表達出喬・吉拉德並不接受顧客延緩購買決定的想法。

　　接著，喬・吉拉德繼續進行銷售說服，一再表示今天能夠為對方提供一定的優惠。如果顧客聽後還是無動於衷，甚至表示想要拿回家看時，喬・吉拉德就會告訴對方，小冊子上的內容絕對沒有他介紹得詳細，如果顧客有什麼問題儘管問，他隨時準備回答。接著，喬・吉拉德就會根據自己的判斷，繼續向他說明更多的購買理由，一直到成交為止。

　　第七種情況：顧客以「我很喜歡你們的產品，可惜的是沒有我想要的功能」作為藉口。

這是一種很高明的藉口，拒絕業務員的同時，又顯得自己比較無辜——不是我不想買，我十分想買，可是你們的產品沒有這個功能」，一邊說著，一邊表示惋惜。遇到這樣的情況，業務員不妨假戲真做，把對方的藉口當作是真實的，然後想辦法滿足顧客所需要的產品。

比如，當有顧客對喬・吉拉德說：「我想要一輛四門的車，可惜的是你們店裡已經沒有庫存了。」喬・吉拉德聽到這樣的藉口，就會反問道：「如果我們有這樣的汽車，您確定會買嗎？」

為了讓自己的藉口更加圓滿，顧客一般都會點頭說肯定會買。喬・吉拉德要的就是這句話，他會馬上給同行打電話，從其他店裡調一輛顧客想要的車，並告訴顧客他們和附近的另一家店是聯盟的關係，那家店中有顧客需要的車，現在只需要等幾分鐘，就能買到他想要的車了。

不論顧客找出什麼拒絕的理由，如果業務員肯動腦筋，把顧客的藉口當作說服顧客購買的切入點，不失為接近顧客、取得最後成交的好辦法。

第七章 突破異議—牢牢駕馭銷售的主動權

化解顧客的價格異議

在銷售過程中，業務員都會遇到一個最常見，也是最難解決的問題，就是價格問題。價格，是銷售活動中的關鍵問題，很多時候，解決掉這一問題，就等於拿到了一筆訂單。

一般情況下，顧客在聽過業務員的報價後，都會提出一定程度的異議，最為代表性的異議就是「價格太貴了」。這時，業務員應該認真地加以分析，並探尋顧客內心的真正動機。據心理專家研究證明，顧客在購買產品時提出價格的異議，通常都是因為以下幾種原因：

一、顧客想在談判中擊敗業務員，以證明自己的談判能力；

二、想賣到更便宜的同類商品；

三、顧客怕會吃虧；

四、顧客想利用價格來達到其他目的；

五、顧客知道別人以更低的價格購買了產品；

六、不了解產品的真正價值，懷疑產品價格和價值之間不符；

七、顧客想從另外一家購買更便宜的產品，他設法講價是為了給協力廠商壓力；

八、根據以往的經驗，知道能夠從討價還價中得到好處，並且清楚業務員會作出讓步；

九、顧客想向周圍的人證明他有才能；

十、想透過議價來了解產品的真正價格，測試業務員是否在說謊；

十一、顧客還有其他的同樣重要的異議，這些異議與價格無關，他只是把價格作為一種掩飾。

透過以上原因，我們不難發現，顧客透過價錢拒絕業務員，其中一半的情況，是導致我們無法與顧客繼續交易，而剩下的一半，則是我們能夠把握的。喬‧吉拉德認為，在銷售過程中，業務員有必要讓顧客覺得我們是在提供必要的資訊服務與他。在顧客提出一些異議後，給他一些回應，讓他覺得很舒服。然後，當所有障礙都排除之後，業務員就可以勇往直前，完成交易。

比如，當顧客提出價格太貴時，業務員可以這樣說：「如果價錢低一點的話，您會從我這裡購買嗎？」或者也可以這樣說：「如果我想辦法把價格再降低一點，您會立刻訂貨嗎？」

如果顧客給出的答案是肯定的，業務員就必須馬上想辦法來改變交易條件，給出折扣或是分期付款計畫，把價格和成本進行比較，向顧客說明價格已經很低了，或者乾脆開出一個更低的新價格。如果顧客是真心想要購買產品，他總能找出辦法來付款的。

因此，就算顧客說出「價錢太貴了」，也並不意味著顧客不會購買，關鍵就在於業務員怎樣去應對。不管業務員銷售的是什麼產品，顧客都會習慣性的提出價格的異議。顧客提出異議並不可怕，可怕的是，業務員在顧客提出異議之後，直接用類似「一分價錢一分貨」、「你不識貨」這樣的話回擊顧客，這是業務員的大忌，會直接得罪顧客。所以，面對顧客提出的價格異議，業務員應該遵循以下幾點：

一、先談價值，再談價格

業務員在銷售洽談的過程中，要記住的原則是：一定要避免過早地提出價格問題。不論產品的價格多麼公平合理，只要顧客購買這種產品，他就必須付出一定的經濟犧牲。因此，一定要在顧客對產品的價值有所認同後，再和他談論價格的問題。

第七章 突破異議—牢牢駕馭銷售的主動權

要明白，價格的本身並不能引起顧客的購買慾望，顧客感興趣的是產品的價值。通常，顧客對產品的價值越了解，購買的慾望就會越強烈，對價格的考慮也就越少。所以，在時間順序上，業務員要先談價值，後談價格。

二、與其他產品價格作比較

與顧客在產品價格問題上產生分歧後，業務員最忌諱的是，喋喋不休地誇讚產品的品質，這除了引起顧客反感之外，還會讓顧客覺得我們是在強行銷售，這是得不償失之舉。

所以，面對這種情況，業務員應該與其他公司相同的產品進行價格比較，讓顧客明白，在我們這裡，是可以用最少的錢，買到品質最好的產品。當然，要想做好價格對比，業務員需要掌握其他公司同類產品的價格數據，並及時更新。這樣才能在銷售中占到主動位置。

三、以「小」藏「大」談價錢

條件允許的情況下，要盡量用較小的單位報價，即把報價的單位縮至最小，從而隱藏價格的「昂貴」感，讓顧客更容易接受。例如日本東京不動產的銷售標語：出售從東京車站乘直達公共汽車，只需 75 分鐘就能到家的公寓。如果把 75 分鐘換成了 1 小時零 15 分鐘，顧客就會覺得公寓距離東京太遠了，購買的人也會大大的減少。

如果把商品價格分攤到使用時間或者使用數量上，常常能夠使產品的價格看起來微不足道，也就能夠達到讓顧客接受的目的。

四、以防為主，先發制人

這種方法是事先盡可能掌握顧客的經濟情況，然後再從與顧客交談過程中獲得一些有用的資訊，然後再把這兩方面的資訊整合起來，進行

分析並作出全面的判斷，然後趕在顧客開口之前，將顧客想要提出的異議化解掉。

五、引導顧客正確看待價格差異

當顧客提出產品和競爭對手的產品，在價格上存在較大的差異時，業務員應該從產品優勢方面入手來比較，比如，產品的品質、功能、信譽和服務等方面，引導顧客正確看待價格之間所存在的差異，讓顧客明白購買產品所得到的利益，會彌補價格上的損失。

六、幫助顧客談價錢

如果業務員交易的對象是經常討價還價的顧客，那麼如果我們先報價，就會失去了掌握價格的主動權，當產品賣出後，可能會低於我們最初的報價，或者會直接導致交易失敗。

因此，在顧客詢問價錢時，我們可以先不報價，而是先問顧客幾個問題，然後根據顧客的回答幫助顧客給出合理的報價。業務員所問的問題應該包括，顧客所掌握的同類產品的價格，了解顧客的背景和購買經歷等等。

七、掌握討論價格的時機

因為價格的問題常常會讓銷售陷入僵局，所以業務員要掌握合適的時機談論價格。首先，不要主動談論價錢；當顧客提出價錢問題時，要盡量向後拖延；顧客堅持要得到回覆時，要讓顧客明白價格相對的道理。

總之，業務員要在全面了解顧客的理想價格之後，再提出自己的報價，這樣才能掌握主動權，避免銷售陷入僵局。

在銷售中，顧客提出價格異議是最常見不過的事情了，業務員需要做的是，盡力化解他們的異議，從而保證順利成交。即使因為各種原

第七章 突破異議—牢牢駕馭銷售的主動權

因,我們無法給顧客一個他們想要的價格,但這樣也不要緊,正所謂「買賣不成仁義在」,只要能夠贏得顧客的信任,我們就有可能迎來下一次成交的可能。

第八章
心理賽局──
啟動顧客的購買欲望

第八章 心理賽局─啟動顧客的購買欲望

顧客沒有需求，那就創造需求

電影《華爾街之狼》裡有這樣一個堪稱經典的銷售鏡頭：主角喬丹‧貝爾福在吵鬧的餐廳中，正大費口舌地說服他的幾個朋友一起創辦股票公司，其中一個朋友對喬丹‧貝爾福有些不服氣，說自己什麼東西都能賣出去。

喬丹‧貝爾福便從口袋裡摸出一支鋼筆，讓他將其賣給自己，對方自知沒有能力，一個勁地往嘴裡塞麵包，藉口說自己還沒吃晚飯。喬丹‧貝爾福便將鋼筆遞給另一個朋友布拉德，讓他將筆賣給自己。

布拉德接過鋼筆之後，對喬丹‧貝爾福說：「你能把名字寫到那張餐巾紙上嗎？」

喬丹‧貝爾福回答說：「可是我沒有筆。」

布拉德便將筆扔在桌子上說：「這支筆賣給你了！」

電影結尾的時候，喬丹‧貝爾福應邀在一個節目上傳授他的業務技巧。他拿著一支筆，走下台來，把筆遞給前排的一名觀眾說：「把這支筆賣給我。」這位觀眾接過筆，開始誇讚這支筆。喬丹‧貝爾福把筆拿回來，交給下一位觀眾，讓其把筆賣給自己。這樣重複幾次後，觀眾的銷售話術大同小異，無非是說自己如何喜歡這支筆，或者這支筆如何好用。

以上兩種業務技巧對比，高下立見。為什麼面對同樣的情況，會出現兩種不同的銷售話術，這是很多業務員在銷售過程中經常遇到的問題。這就像面對一個似乎不需要我們產品的顧客，業務員會怎樣想呢？有的可能會想：「太糟糕了，我的產品銷售不出去了。」而有的會想：「太好了，我有機會向他們銷售了。」

這個業務技巧揭露了這樣一個事實，世界上沒有賣不出去的東西，只有不會賣的業務員。一個優秀的業務員是具備良好的銷售思維，即能夠隨時隨地為沒有需求的顧客創造出需求。當然，這是非常有難度，但是這不妨礙業務員學習這樣的思維方式。只有擁有了這樣的思維方式，那麼天下所有的人都可以成為我們的顧客。

實際上，很多顧客的購買行為僅僅是出於一種習慣，也就是說他們需要業務員重新發掘他們的消費需求。這就意味著，如果業務員能夠培養顧客的新消費習慣，就能夠發掘出更多的顧客。而這並非是天方夜譚，顧客的習慣不是一成不變的，不然星巴克也不可能入主飲茶歷史悠久的中國市場；也不會有顧客因為寶潔的洗髮精廣告而天天洗頭髮……

這些都很好的說明了顧客的購買習慣是可以改變的。因此，只要業務員能夠找到突破口，積極地營造顧客的需求氛圍，就能將顧客本來不需要的產品賣給他們。為了佐證這一方法的切實可行，喬·吉拉德曾舉過這樣一個例子：

在美國的一家商學院中，院長設計了一個銷售天才獎。題目就是將一把舊式砍木頭的斧頭，賣給美國的總統柯林頓。這無疑是一個天大的難題，因為幾乎沒有人見過總統本人，就算見過，堂堂的總統會需要一把舊式的砍樹斧頭嗎？柯林頓是總統，並不是伐木工人。

很多學生都對這個題目望而卻步了，主動放棄了拿獎的機會，但是有一個學生沒有放棄，開始積極想辦法。那時正值柯林頓總統剛剛上任期間，這個學生經過精心的策劃，寫了一封信給總統，在信上他先表達了自己對總統上任的祝賀，接著表達了對總統的熱愛，然後筆鋒一轉，談到了柯林頓的家鄉，說他曾經到過總統的家鄉，看到了柯林頓總統的莊園，並且給他留下了深刻的印象，同時他還發現莊園裡的樹上有一些粗大的枯樹枝。他認為這些枯樹枝實在影響莊園裡的風景。現在市場上

第八章 心理賽局—啟動顧客的購買欲望

所銷售的斧頭,恐怕無法幫助總統砍掉那些粗大的樹枝,但是沒關係,現在他這裡有一把超大的斧頭,一定是總統所需要的,而且價格十分合理。

柯林頓總統在收到這封信後,立刻就想到了自己的家鄉,同時他認為身為總統,在任何方面都要給市民留下美好的印象。於是他立刻向這位學生購買了那把斧頭。這家商學院空置了很久的銷售天才獎終於有了得主。

當別人只把眼睛放在斧頭和總統兩者上的時候,總統覺得兩者不可能產生什麼聯繫,從而主動放棄銷售斧頭。而故事中的同學找到了第三樣可以促使銷售成功的因素,那就是他為總統創造了需求斧頭的氛圍。

而作為業務員,如果要想發掘顧客新的需求,首先要做的是站在顧客的角度上去考慮問題,這樣才能發現他們真正的需求是什麼。除此之外,業務員還可以讓顧客明白購買我們產品的好處,這樣也能夠營造出顧客的需求氛圍。

假設業務員要說服一個顧客來參加我們的培訓課程,顧客可能會以「沒有時間」或者「價格太高」等藉口來推託,原因就是他們只看到了不足之處,沒有找到可以令他們信服的好處。這時,業務員就可以告訴顧客:「您參加我們的培訓課程,雖然需要拿出一點時間和金錢,但是這些可以換來您更加美好的前程。您想一想,如果您放棄了這次培訓機會,而您的競爭對手卻參加了,那麼他很可能在某方面就比您占據了優勢,到時候,您可能就失去了競爭優勢。這樣算下來,您的損失會更大。」

這樣,顧客就不得不為自己的前程考慮了,而這也許是之前他不曾考慮到的。這正如喬·吉拉德所說,在解除顧客的抗拒時,一方面要強調購買產品會得到哪些好處,還要強調不購買會帶來哪些損失,引起顧客的考慮,這樣就能夠營造出顧客的需求氛圍了。

相比迎合顧客的購買習慣，改變和培養顧客的購買習慣更難，也更具風險，很有可能我們付出了巨大的努力，卻沒有任何結果。但話又說回來，我們都想成為一名業績優秀的業務員，要想達到此目的，就必須面臨一些新的挑戰，只有這樣，我們才能從激烈的競爭中脫穎而出。

第八章 心理賽局—啟動顧客的購買欲望

用產品的味道吸引顧客

生活中，如果我們偶爾吃到小時候經常吃到的食物，那麼在一瞬間，食物的味道就會透過味蕾，喚醒我們的記憶。我們彷彿回到了小時候，廚房裡昏黃的燈光下，媽媽正忙著給我們做飯。隨著這份食物，我們又想到了許多早已塵封的往事，一件接一件，貫穿起來，就是整個童年。

味蕾是有記憶的，現代銷售活動中，不少商家就利用人的這一特點進行銷售，取得了不錯的銷售成績。比如，某品牌醬油有一句「媽媽的味道」的廣告語，這句溫暖的廣告語準確地叩擊在人們心扉的同時，彷彿又聞到了媽媽做菜的味道，於是就會不由自主地去購買醬油。

如此說來，不論是食物也好，還是日常用品也好，每一種產品都有自我的味道，喬·吉拉德就非常擅長透過氣味來銷售汽車。因此，他總是會「逼」每一個顧客坐到新車裡，去聞一聞新車的氣味。因為他相信，每一個接觸到汽車氣味的顧客，心裡都會產生與之前完全不一樣的感覺。

喬·吉拉德之所以如此自信，是與他小時候的經歷分不開的。那是在一年的耶誕節，喬·吉拉德在一個小夥伴的家中，當時小夥伴當著喬·吉拉德的面拆開耶誕節禮物的包裝，那是一個嶄新的電鑽，通上電源，就可以不停地到處鑽洞。當喬·吉拉德把這個新的電鑽拿到手中的時候，儘管那不是他的，他還是感覺到了無比的興奮。

此外，喬·吉拉德坐的車，都是一些老式汽車，外表破損不說，就連車裡都散發著一股酸臭。有一次，他的鄰居買回一輛新車之後，他就坐了進去。裡面的味道很獨特，讓人嗅到之後，立刻就會認為這是新車的象徵。這個感覺，讓他終生難忘。

當喬‧吉拉德成為一名汽車業務員後，幾乎每天都可以聞到曾經熟悉的新車味道，他甚至開始迷戀這種味道。因此，他也有理由相信，顧客也會喜歡新車的味道。

所以，在銷售汽車的時候，喬‧吉拉德會想方設法讓顧客自己坐到汽車裡親身體驗一下。如果顧客的家就在附近，他會讓顧客把汽車開回家去，讓顧客當著太太和孩子的面炫耀一番。這樣一來，顧客很快就被新車裡的「氣味」吸引住了。根據喬‧吉拉德的經驗，凡是坐進新車裡的顧客，最後多數都會選擇購買。

因為對於一輛新車來說，除了配置、效能、外觀之外，最能撩人的就是它的味道。所以讓顧客進去試坐一下，就會刺激顧客產生擁有這輛車的慾望，即使當時沒有成交，新車的味道也會一直縈繞在顧客的腦海裡，只要機會成熟，他自然會找喬‧吉拉德購買汽車。

有專家認為在顧客坐進汽車時，是最佳銷售機會。但是喬‧吉拉德卻不這樣認為，他會讓顧客坐在汽車中盡情地摸摸這裡，摸摸那裡，顧客聞得味道越多，摸到的地方越多，就會開口說話，這樣他的目的就達到了。

喬‧吉拉德正希望如此，讓顧客主動開口說話，這樣一來，他就能知道顧客的經濟狀況、所從事的職業，以及個人喜好。然後喬‧吉拉德會根據這些資訊替顧客判斷出，對方應該買一輛什麼價位的車，正好是他經濟能力所能承受的範圍。

當然，也有一些顧客是不願意試駕的，原因就在於一旦試駕，顧客從內心就會覺得，他對汽車有了責任。而這也正是喬‧吉拉德想要的效果，所以他會想盡辦法「逼」每位顧客都去試駕他的車。

一次，一位顧客試駕以後仍然沒有下定決心購買，眼看著交易就要以失敗告終。此時，喬‧吉拉德對顧客說：「如果您真的想要購買，就先付100美元的訂金，然後把車子開走吧。」如果顧客仍然沒有購買的意

第八章 心理賽局—啟動顧客的購買欲望

思，那麼他就會說出理由；如果決定購買，他就會掏出訂金，然後開著這輛新車回家。

一旦把車開回家，情況就不是顧客所能控制得了，除了家人之外，他買車的訊息會迅速在鄰居間傳開。這樣一來，顧客就會有些「騎虎難下」，如果退掉新車也並非不可，但別人會怎麼看自己？可能都會認為他沒有足夠的經濟能力買一輛新車，甚至還有人會猜測，他的車會不會是租來的？

再說了，他也十分喜歡這輛新車，以及它的味道，況且，他還考慮到，喬·吉拉德對自己的信任，他又怎麼能不對喬·吉拉德負責呢？總之，不論怎樣，他最後都會克服種種困難，找喬·吉拉德把後續手續辦完。

也許有人會為喬·吉拉德這樣的行為感到擔心，萬一顧客把車開走不再回來，或者是最後還是決定不購買怎麼辦？畢竟汽車還是價格不菲的消費品。但是，喬·吉拉德對此完全不擔心，因為他不相信有人能坦然駕駛不屬於自己的新車；但如果他真的這樣做的話，那麼很容易就惹上官司。

當然，也有人可能會質疑說，有的顧客已經不止一次購買新車，因此再買的話，對新車的味道已經習以為常了。而實際上，不論是第幾次購買新車，購買體驗都會讓顧客產生興奮感，當然這個體驗也包括汽車味道。

利用新車氣味來刺激顧客購買，在銷售中是非常重要的。早在二戰的時候，有的人就已經開始利用氣味來促成顧客購買了。因為當時二戰剛剛結束，汽車市場上新車匱乏，多數人都會選擇購買二手車。

為了能夠讓二手車散發出新車的味道，二手車經銷商都會購買一種液體，這種液體噴在二手車的行李箱和車內地板上，就可以使二手車散發出新車的味道，噴過這種液體的二手車都十分受消費者的歡迎。

所以，對於業務員來說，千萬不能忽視氣味對顧客的影響，在相當程度上，它也能夠左右顧客是否決定購買。正如喬‧吉拉德所說：「不論你賣什麼，你的產品中都存在一種類似新車氣味的元素。要把你自己想像成一名顧客，想想某一產品有哪個方面能使你激動，或曾在你首次購買它時令你激動，然後用這種體驗來銷售你的產品，以給人帶來的激動和興奮。」

第八章 心理賽局—啟動顧客的購買欲望

讓顧客「二選一」

　　當銷售活動快要結束的時候，業務員就應該提供出多種的選擇來讓顧客選擇。這種多種選擇的客觀效果就是把顧客的注意力從考慮該不該購買上，轉移到買甲還是買乙的思路上。

　　這種方法在銷售中很常見，是在假定顧客已經購買的基礎上，讓顧客在兩種方案中選擇一種。使用這種方法時，業務員通常會提出這樣的問題：

　　不知道您喜歡什麼顏色的呢？是粉色的還是藍色的？

　　我明天去拜訪您，您上午有時間還是下午有時間？

　　您想購買哪一款呢？A款還是B款？

　　這樣，無論顧客選擇哪一種，都是對業務員有利的結果。但如果換成別的問法，就有可能讓自己的銷售在最後關頭失敗。比如：

　　您現在要購買這類產品嗎？

　　您現在能夠作出購買的決定嗎？

　　您對這種商品感興趣嗎？

　　類似這樣的問法，都是對業務員極為不利的，也許當時顧客已經有購買的傾向了，聽到這樣的問話，也會將降低他的購買慾，反而從想要購買轉換成「考慮考慮」。因此，要想讓顧客避免產生要「考慮」的想法，業務員就要在引導顧客購買時使用「二選一」的方法。這也是喬‧吉拉德在銷售汽車的時候常用的方法。

　　一位男士始終在兩輛汽車之間猶豫，到底選擇哪一輛呢？要不還是

等明天再做決定吧。他心裡這樣想著。喬‧吉拉德站在一旁，看到顧客遲遲沒有做決定，於是問道：「先生，您是喜歡綠色的呢？還是喜歡藍色？」

「嗯，我比較喜歡藍色。」顧客回答道。「

那好，我們是今天把車給您送去呢？還是明天？」喬‧吉拉德繼續問道。

「既然都決定了，那就明天給我送來吧！」就這樣，喬‧吉拉德又賣出了一輛汽車。

類似的問法還有很多，這種二選一的方法看似是把成交的主動權交給了顧客，實際上只是把成交的選擇權交給了顧客，而成交的主動權則掌握在業務員的手中。但是如果二選一的方案選擇不當，就會給顧客的心理造成壓力，使顧客喪失成交的信心。形成這樣局面的原因可能是業務員沒有掌握好詢問的時機，或是提出的方案是顧客不願意接受的。

一位打扮時尚的女士來到一個羊絨大衣的專賣店，準備挑選一件羊絨大衣參加一個聚會。這時，業務員走上前去，手裡還拿著兩件大衣，一件是紫色的，一件是綠色的，然後對那位女士說道：「小姐，您看這兩件怎麼樣？紫色是今年的流行色，而綠色則看上去會讓您很年輕。」

這位女士看了看業務員說：「這兩件的顏色我都不喜歡，而且我看起來很老嗎？」說完，就走了。其實這位小姐一進門就喜歡上了那件紅色的，只是她也覺得紫色的很好看。正當她猶豫之際，業務員說出了讓她很惱火的話。

可見，在使用二選一這種方法的時候，要看準時機，並且要在了解顧客想法的情況下才可以使用，而不能生搬硬套，這樣很容易引起顧客的不愉快。再或者，有的業務員提供的方案比較多，就會影響顧客的選擇，更加拿不定主意，這樣業務員就失去了成交的主動權，浪費了銷售

第八章 心理賽局—啟動顧客的購買欲望

時間,錯過了成交的時機。因此,在使用二選一的方法時,應該先進行一些假設,當這些假設成立時,才可以使用讓顧客二選一的方法。

1. 假設顧客已經具備了購買某種產品的信心;
2. 假設顧客已經接受了業務員的銷售建議;
3. 假設顧客已經決定購買,只是在關於產品的其他方面有所考慮。

當顧客不能作出明確的選擇時,他是需要時間考慮的,這時候,業務員適時地提出二選一的問題,是能夠讓顧客盡快做出選擇的。

讓顧客親身參與

如果你認為銷售活動只是業務員的一個人的事情，那麼就錯了，如果只需要業務員一個人，那充其量只是一場「獨角戲」，而缺少了銷售活動中的主角，那就是顧客。

很多業務員都忽略了這一點，以至於給很多顧客留下了業務員就是口若懸河的形象，而顧客在購買產品的時候，似乎也習慣了業務員不停地介紹，從而忘記了自己才是這場銷售活動中的真正主角。

在銷售活動中，如果業務員能適當少說一點，把主動權交給顧客，讓他們親身體驗產品，那麼顧客必然會對產品產生深刻的印象。如果顧客參與操作示範的時間越長，在下決定購買之前，他對產品的擁有感便會越濃厚。

所以說，業務員僅僅一味向顧客介紹產品的外觀、功能等是遠遠不夠的，如果我們一邊講解產品的用法，一邊指導顧客操作，那麼所達到的效果一定不同。譬如買房，如果僅僅是業務員講解房子的構造多麼合理，周邊的環境多麼優美，是不能促使顧客作出購買決定的，只有讓顧客站在房間裡，一邊讓他參觀，一邊講解，若是再讓他坐在陽台上晒晒太陽，看看四周的美景，相信不用業務員多費口舌介紹，他都會從心底想成為這間房子的主人。

每一個優秀的業務員都善於運用各種感覺來刺激顧客，不但要讓顧客「看到」，還要讓顧客「聽到」、「聞到」、「感覺到」，這就是透過種種感覺不斷讓顧客暗示自己做出購買決定。喬‧吉拉德就非常擅長利用這種銷售方法。

第八章 心理賽局—啟動顧客的購買欲望

我們知道，在汽車銷售這個行業，很多顧客看中一輛車之後會選擇試駕，即親自駕駛汽車感受它的效能和速度。通常這個時候，喬‧吉拉德也會隨著顧客一同前往，而且他會徹底把駕駛權交給顧客，自己坐在副駕駛的位置上，然後在合適的時機向顧客講解汽車的各種功能，或者解答顧客的疑問。

透過試駕的方式，讓顧客感覺自己已經擁有了這輛車，他喜歡新車的外觀、內飾以及各種貼心的設計。而這也是喬‧吉拉德希望看到的，如果顧客產生了擁有這輛車的感覺，那麼從某種程度上說，這筆生意已經成交了。

讓顧客感覺自己已經是某件產品的主人，這是一個非常有效的心理暗示銷售方法，而且已經被應用到各個行業的銷售當中。喬‧吉拉德作為業務員，不論工作還是生活中，也會刻意觀察別的業務員是如何銷售的。

一次，他去一家商場閒逛，觀察到一位珠寶業務員就是讓顧客親身感受來銷售珠寶。當顧客看中一款戒指後，她會把戒指拿出來並以嫻熟的手法將戒指戴在了顧客的手指上，然後觀察顧客的反應。如果顧客表現出很喜歡這枚戒指，那麼業務員就絕對不會說出類似「您喜歡這樣的款式嗎？」或者「要不要再看看其他款式」這樣轉移顧客注意力的話，她直接會認為，顧客戴上戒指就表示想購買，所以她會對顧客這麼說：「您的名字首字母是什麼？師傅會為您刻在戒指內側的鑲邊上。這一枚戒指就是獨一無二屬於您的了。」

類似的情況還有很多。比如，在一家服裝店裡，一位顧客在一件衣服面前徘徊良久，看了又看，摸了又摸。這時，業務員及時上前對顧客說：「我看您身材纖細，應該是穿 M 號的對嗎？試衣間在這邊，請跟我來。」

等顧客穿著新衣服來到鏡子面前時，業務員就不失時機地說：「這件

衣服不論大小還是顏色，都非常適合您，您是直接穿著衣服走，還是把它打包？」

很明顯，不論是讓顧客試戴戒指，還是讓顧客試穿衣服，業務員只要讓顧客親身體會之後，就假定顧客最後一定會購買。多數情況下，顧客如果體驗不錯，都不會再拒絕，而是選擇直接購買。

利用這種方法進行銷售的業務員都非常優秀，同樣作為業務員的喬・吉拉德，也曾對這樣一位業務員讚不絕口。有一次，他想要恢復自己中斷了很久的滑雪運動，於是來到專門出售滑雪用具店裡想購買一套合適的用具。

當滑雪用具店的業務員了解到喬・吉拉德的需求之後，馬上為他穿上了一款短筒靴，然後又帶著他到另一個專櫃挑選合適的滑雪板。然後業務員對他陳懇地說：「先生，如果您想在滑雪中不受傷害的話，我們還需要雪衣、雪杖、太陽眼鏡……」看架勢，業務員是要把喬・吉拉德裝備成專業的滑雪運動員。

作為從業銷售多年的喬・吉拉德，此時不僅沒有為業務員不停地擺布自己而感到生氣，反而覺得用上業務員為自己挑選的滑雪工具之後，真覺得自己成為了一名專業的滑雪運動員。所以，他開始一邊感慨這位業務員的厲害，一邊跟隨著業務員繼續挑選滑雪用具了。

不論什麼銷售行業，如果業務員能夠讓顧客親身體驗一番產品，那麼顧客就會對產品產生購買的慾望，因為在體驗的過程中，他們已經熟悉了產品的各種功能，並十分喜歡這些功能，最後多數顧客都會選擇購買。

第八章 心理賽局—啟動顧客的購買欲望

演示，效果最好的銷售

在現代銷售活動中，業務員如果僅僅依靠語言來銷售產品，是遠遠不夠的。因為語言描述僅僅能給顧客留下一個抽象的印象，顧客也沒有辦法判斷業務員的介紹是否屬實。

比如，一個業務員銷售的產品是摔不碎的玻璃杯，不論業務員如何口吐蓮花，將玻璃杯誇讚得如何耐用的時候，也很難讓顧客相信。之所以會產生這樣的結果，最大的原因在於，任何人都知道，只要是玻璃製品都是易碎品，這是基本的常識，所以，人們怎麼可能相信沒摔不碎的玻璃杯呢？

那麼，業務員又該如何將摔不碎的玻璃杯成功地銷售給顧客呢？最好的辦法就是演示，當著顧客的面，把玻璃杯扔在地上，讓顧客親眼看見玻璃杯完好無損。因為顧客見證了一個事實，即便業務員什麼也不說，他也會相信業務員的。

有的時候，一場產品展示，往往比喋喋不休的銷售語言更有力量。正如喬·吉拉德所說：「人們都鍾愛自我來嘗試、接觸、操作，人們都有好奇心。不論你銷售的是什麼，都要想方設法展示你的商品，而且要記住，讓顧客親身參與，如果你能吸引住他們的感官，那麼你就能掌握住他們的感情了。」

所以，對於業務員來說，要想促成顧客購買，除了透過語言向顧客進行產品介紹之外，還要懂得運用產品演示來贏得顧客的信任。比如，在美國俄勒岡州的波特蘭，一個牙刷業務員為了讓顧客購買新牙刷，他會隨身攜帶一個放大鏡，每當顧客表示自己的牙刷還可以繼續使用時，他就會把

放大鏡放到顧客的手中，然後讓顧客自己觀察新舊牙刷的不同。

還有紐約的一個西裝店的老闆，在他店裡的櫥窗中，放著一部電視，每一個路過服裝店的人都會看到這樣一則影片：一個衣衫破舊的人，在找工作的過程中處處碰壁，沒有一家企業願意聘用他。

然後鏡頭轉換，當他換上一身新西裝後，整個人顯得精神煥發，結果很容易就找到了工作。這家店就是透過不斷播放這則短片，巧妙地激發了顧客的需求，從而使西裝店的銷售量得到了確保。

縱觀以上兩個銷售案例，我們不難發現，儘管銷售方法略有不同，但它們都有一個共同點，那就是進行了全面的產品演示，使顧客更加客觀地了解到產品的實用性和功能性。這樣一來，顧客自然就願意主動購買產品。

隨著社會的發展，銷售手段也不斷更新變化，業務員在實際銷售中，能夠應用到的演示產品的方法也越來越多，最常用的方法有以下3種：

一、體驗演示法

所謂體驗，就是請顧客親自使用業務員所銷售的產品。對於顧客來說，他們只相信自己的感覺和體驗，產品好壞與否，只有用過才知道。這就像在汽車行業的試駕一樣，顧客駕駛著新車行駛一會兒，就能夠感受到新車的效能，以及舒適程度。只有顧客體驗之後，就能直接體會到商品的好處，從而激發顧客的購買慾望。

二、寫畫演示法

這種方法主要應用在銷售證券中，業務員需要隨身攜帶筆記本和筆，因為股票是屬於無形產品，顧客很難對其形成一個具體的概念。因此，業務員可以將一些晦澀難懂的數據，透過畫圖的方法陳列出來，讓顧客能夠直觀地看到產品的突出優點。

三、表演演示法

這種方法主要是將動作、語氣、神情等方面因素結合起來，讓其成為表演的輔助工具。比如，業務員銷售的是一種高級領帶，他就可以一邊將領帶用力揉成一團，一邊繪聲繪影描述領帶的品質以達到吸引顧客的目的。最後，再將領帶拉平，把沒有任何褶皺的領帶展示給顧客。

演示產品雖然可以有效迎合顧客追求新穎的心理，但最終是否能夠激起顧客購買的慾望，就要看業務員的演示水準是否高超。因此，在演示產品的時候，業務員還要注意一些演示技巧。

首先，演示方法要有創意。業務員要知道，要想讓自己的演示更具感染能力，就必須在演示方法上有所創新，這樣才能引起顧客的興趣。

比如，業務員銷售的是洗衣粉，如果我們只是拿著一件髒衣服當著顧客的面洗乾淨，不會給顧客帶來特別大的視覺衝擊。但如果我們把墨汁潑到自己身上，然後在顧客的驚叫聲中，用洗衣粉把衣服上的汙漬洗乾淨，相信一定會給顧客留下深刻的印象。

其次，演示要熟練。在演示產品的過程中，業務員首先應該做到避免心情緊張，只有如此，才能在演示中表現得自信、大方，這樣才能讓演示更具說服力。這就需要業務員在演示之前要做好充分準備，包括演練說話、動作、語調等方面。只有準備充足，演示才能更加熟練，也才能打動顧客。

再次，讓顧客參與演示。在演示產品的過程中，業務員不能自己說個不停，有必要的時候，可以與顧客進行互動。比如，可以邀請一位顧客上台來充當助手，也可以向顧客提問一些問題。這樣做的好處是，讓顧客有了參與感，對方會完全沉浸在演示中。

銷售中，業務員要明白，不論我們的產品有多優秀，功能有多齊

全，如果不能讓顧客實實在在地看到，也就意味著，無法完全得到他們的信任。正所謂「耳聽為虛，眼見為實」，只有將產品的功能展現給顧客，才有可能贏得顧客。

第八章 心理賽局—啟動顧客的購買欲望

銷售唯一的產品

在電視中，我們經常會看到一些拍賣節目，節目中，拍賣的東西琳瑯滿目，有古董、字畫、陶器等等，這些拍賣品都有一個共同點，就是它們都獨有的，除了贗品之外，這個世界上不會再有第二件此類產品。

正因為如此，很多顧客為了爭奪這唯一的產品，不惜一次次提高自己的競價，直到競拍下這件產品。而這帶給我們業務員的啟發是，有時候向顧客銷售唯一且不容易獲得的產品，那麼就會讓顧客在心理上，對該產品產生迫切的需求感。

對於那些銷售唯一的產品的業務員來說，他們是幸運的，因為產品的性質使得他們不需要大費周章地說服顧客，因為顧客會自動對產品產生迫切的需求感。關於這一點，喬‧吉拉德也曾經歷過購買唯一的產品，因此他能感同身受。

有一次，喬‧吉拉德和妻子一起去看房子，一眼就看中一套房子，這套房子不論從位置，還是內部裝修來說，都非常合適。所以，喬‧吉拉德夫婦對這套房子非常滿意。

房地產業務員也看出了他們對房子的喜愛之情，然後業務員告訴喬‧吉拉德夫婦說，這套房子已經在售半年了，房子的主人急於出售這套房子。本來房主的要價非常高，但是後來又主動降了不少價，前幾天已經有好幾對夫婦來看過房子，並且都很喜歡，猜想用不了多久就能出手。

然後，這位業務員又建議喬‧吉拉德和妻子先付些訂金。因為早上來看房的夫婦約他晚上再帶他們來看一次，猜想那對夫婦晚上就會出價了。

同樣作為業務員的喬‧吉拉德此時突然開始變得有些著急起來了，因為他拿不準業務員說的話是真是假，但他確實不想就此失去自己滿意的房子。為此，他徵求了妻子的意見，沒想到妻子的想法和他一樣。於是，為了不錯失這次機會，喬‧吉拉德夫婦馬上付了定金。

除了房地產銷售行業之外，這種銷售方法也非常適合服務性質的行業，比如，房地產仲介公司的業務員，可以這樣對一位非常渴望租一間單身公寓的顧客說：「我們的公寓因為租金便宜，且家電齊全，所以顧客的需求量很大。現在我手裡只剩一間公寓，如果您有意願租的話，請盡快做出決定，因為過了今天很可能就會被別人租走。」

從表面上看，這位業務員只是向顧客描述他們的公寓是如何受歡迎的，而實際上是向顧客施加壓力了，顧客一聽只剩一間經濟實惠的公寓了，自然不願意失去這次機會，無論如何都會想辦法租下這套公寓。

很多業務員會在銷售展覽結束之後告訴顧客：「我們公司發展經銷商的計畫是，針對該地區只找一家代理商，但是截至目前為止，已經有7家代理商表示感興趣。如果您想成為該地區的代理的話，我建議您馬上和我簽訂合約。之後，我會盡快彙報公司，爭取在最短時間內幫您爭取到該地區的代理權。但是，我得告訴您，我會為您盡量爭取，畢竟有其他人也參與了進來，所以我不能向您保證什麼。」

從上面的幾個例子來看，我們不難發現，不論是單身公寓也好，還是經銷商的代理權也罷，只要顧客得知需求大於供應的時候，就會不由自主地產生緊迫感，生怕再也找不到這麼好的機會了。

其實，這就是一場業務員與顧客的心理戰，如果我們能夠運用得當，不論我們銷售的產品是什麼，都可以讓顧客產生緊迫感，從而馬上決定購買。而這也就是許多商家每年都會推出幾款限量版商品的原因，因為對於一些忠於該品牌的顧客來說，他們知道如果不趁早購買自己看

第八章 心理賽局─啟動顧客的購買欲望

中的限量版產品，那麼以後可能再也沒有機會購買了。

比如，知名運動鞋品牌 NIKE，每年都會推出幾款限量版鞋。對於 NIKE 品牌的忠實支持者來說，他們看重的更多的是收藏價值，因此不論付出多少金錢，都會購買幾雙限量版 NIKE 鞋。

而對於活學活用的喬‧吉拉德來說，他就曾把地產業務員對他使用的這種銷售方法，成功應用到了他的汽車銷售當中。

在銷售汽車過程當中，如果喬‧吉拉德感覺一位顧客非常喜歡一款汽車，但是卻遲遲沒有做出購買的決定。此時，喬‧吉拉德就會對顧客說：「我剛才幫您查詢了一下，您看中的這款汽車的車型和顏色，我們就剩一輛庫存了。如果您願意的話，我馬上就能把車提出來，您等一會兒就能把車開走。如果您願意等的話，這輛車就可能要賣給昨天來看車的一位先生了。如果這輛車賣給了他，我也可以從別的經銷商那裡為您調取一輛汽車，但那意味著您可能要等上一段時間了，至於需要等待多久，我也無法給您一個準確的時間。」

說完這段話後，喬‧吉拉德會選擇沉默，然後觀察顧客的反應。如果顧客表現出緊張，那麼說明他動心了，於是喬‧吉拉德會趁熱打鐵說：「我知道您非常喜歡這輛車，既然這樣，您就應該買下來，今天就能開著它回家，想想那種感覺，有多麼美好！」顧客聽後，終於決定購買，一筆生意就這樣成交了。

對於業務員來說，如果顧客在購買產品的時候一直猶豫不決，我們不妨應用這種銷售方法，告之顧客我們的銷售產品僅剩一件，這樣就能給顧客造成心理上的急切的需求感，從而使對方快速做出購買決定。

抓住顧客的「從眾」心理

「從眾」是一種十分常見的社會心理和行為現象，這種「從眾」在消費中，也是非常常見的。大部分人都是喜歡湊熱鬧，看到大家在買東西，都會忍不住上前看一眼，只要條件允許，最終或多或少都會買幾件。

此外，也有這樣的情況，當我們看見街上有發傳單的人時，不妨仔細觀察一下，你就會發現，如果第一個人走過去接過了傳單，而且看得很仔細，那麼跟隨在他身後的人也會接過傳單來看；如果前面的人接過之後，看了一眼就扔掉了，那麼之後的人也會這樣做，有的甚至都不會接過傳單。儘管傳單上的內容可能會對他有用，但是他看到別人都不接，他就已經認定這是一張毫無用處的傳單。

喬·吉拉德認為，許多顧客在業務員進行介紹之後提出異議，是因為他們害怕自己買錯東西。如果業務員此時能夠為顧客提供有很多人買過我們產品的佐證，那麼顧客的疑慮就會被打消，他會覺得，既然有那麼多人都買了，應該不會錯。

因此，業務員應該根據顧客這種從眾的心理，來設計自己的銷售方案，往往會取得不錯的銷售成績。日本的「尿布大王」多川博，就是巧妙利用了顧客的這一心理，銷售自己的尿布，從而獲得巨大成功。

多川博剛開始創業的時候，專門經營日用橡膠製品。在一次偶然的機會，他發現日本每年出生約 250 萬嬰兒，如果每個嬰兒使用兩條尿布，那一年就需要 500 萬條，這是很大一個商機，於是多川博放棄了之前的橡膠行業，開始生產尿布。

第八章 心理賽局—啟動顧客的購買欲望

多川博製作尿布非常用心，運用了新科技、新材料，而且尿布品質上乘。為了讓尿布成為市場上的熱賣產品，他還花費大量時間和金錢去做宣傳。然而，等尿布真正上市的時候，卻沒有出現多川博預想中的搶購風潮。

這種情況持續了好幾個月，多川博一直尋找解決辦法，但一直沒有找到。直到有一天，他走到街上，看見大家都排隊買東西，並且不斷有新的顧客加入。看到此景的他，也不由自主地加入到「瘋搶」的行列中。在人群中被擠來擠去的瞬間，他想到了一個賣出自己尿布的方法。

第二天，他就讓自己公司的員工假扮成顧客，然後在公司門外面排起了長長的隊伍。這個方法果然引起了路人的好奇，大家都紛紛前來詢問他們賣的是什麼產品。於是員工就藉此向顧客介紹自己公司的尿布。透過這次銷售，越來越多的顧客開始知道多川博的尿布。漸漸地，多川博的尿布在世界各地開始暢銷。

多川博就是運用顧客的「從眾」心理，為自己的尿布開啟了銷路。而這種「從眾」心理除了以上的表現，還有很多種表現形式，比如說許多公司利用明星來做代言、做廣告等，都屬於利用顧客的「從眾」心理。

百事可樂公司就經常請世界級明星做品牌代言人，這樣，至少這位明星的追隨者都會購買百事可樂，當顧客手裡拿著瓶子上印有自己喜歡明星的肖像時，他們會感覺這是一種身分的象徵。

這樣的現象不管是在顧客的家中還是辦公室中，都會展現出來，業務員就可以根據這樣的現象看出顧客容易受到別人思維的影響。顧客之所以願意購買大家都買的東西，或是明星或名人使用的產品，完全是因為他們認為，大眾也好，還是明星、名人也罷，他們都是聰明、敏銳而且有影響力的人，要是他們都願意購買的話，那麼顧客就會相信是物有所值的。因此，當業務員遭遇到了顧客冷淡的待遇，或是顧客對我們的

產品並不了解時，利用「從眾」心理向他們銷售，是很有效的方法。

　　利用顧客的「從眾」心理能夠在相當程度上提高銷售的成功率，但是業務員絕對不能夠用來哄騙顧客購買，使用「從眾」心理的前提條件就是自己產品的品質絕對經得起顧客的考驗。

第八章 心理賽局—啟動顧客的購買欲望

第九章
促進交易──
快速成交背後的 N 個祕密

第九章 促進交易—快速成交背後的 N 個祕密

緊緊抓住有決定權的人

在銷售活動中，業務員要想促成每一筆交易，就要善於「找對人，辦對事」，為什麼這樣說呢？因為對於顧客來說，他們決定購買一件產品，多數情況下會徵求別人的意見，而那個被徵求意見的人，往往具有很大的決定權。

如果業務員只盯著有購買願望的顧客，而忽略了他背後真正具有決定權的人，那麼很可能就會導致交易失敗。

作為業務員，或許我們有這樣的經歷：一對夫婦來買衣服，妻子對衣服表現出極大的興趣，而旁邊的丈夫則一直沉默不語。在業務員看來，這位妻子很喜歡這件衣服，她應該具有決定權，於是便把所有的工夫都用在了說服妻子上。結果在快要成交的關頭，丈夫一句「這件衣服不適合你」，立即打消了妻子的購買慾望，從而使得整個交易宣告失敗。

正如前文所說，之所以會出現這樣的情況，在於業務員沒有找到具有決策權的人。在銷售中，業務員往往會遇到一家人一起出來購買的情況，這時候，就需要業務員找出誰是真正當家作主的人，誰更有決策權，只要能夠說服此人，那麼其他人也就不會有異議，最後自然也就可以成交了。

因此，業務員要善於從顧客的言談舉止中，判斷出誰是具有決策權的關鍵人物。每一個成功成交的案例中，都是業務員在第一時間內判斷出誰是最終決定購買的人，最後才交易成功。但是，要想找到具有決策權的人，並非易事，需要業務員透過長期實踐、觀察和總結，最後才能透過顧客的表現找出具有決策權的人。作為銷售大師的喬‧吉拉德，就

是在銷售中不斷總結經驗教訓，最後才掌握了這種銷售方法。

有一次，喬‧吉拉德接待了一位顧客。透過聊天，喬‧吉拉德了解到這位顧客還沒有交到女朋友，至今單身，所以他理所當然地認為，作為單身人士，不論衣食住行，還是選購商品，他本身就是唯一的決策者，沒有人能夠左右他的選擇。

但萬萬沒想到的是，這位顧客雖然明確地向喬‧吉拉德表示，他有購買汽車的願望，但最後卻在另一家店裡購買了汽車。這讓喬‧吉拉德十分費解，便私下詢問了顧客這麼做的原因。顧客告訴喬‧吉拉德說：「我原本是打算從你手裡買汽車的，可是當我把我的打算告訴母親之後，她卻不喜歡我看中汽車的顏色，而恰巧你店裡沒有那種顏色的汽車。為了讓她老人家高興，我只好去別的店買了。」

儘管喬‧吉拉德與其他店有汽車互換協定，解決汽車顏色本來不是難事。可惜的是，他自認為這位單身的顧客會有購買的決定權，卻沒想到背後還有一個可以左右他選擇的母親。這樣一來，先機一旦失去，喬‧吉拉德的互換協定也派不上用場了。

透過這次教訓，喬‧吉拉德意識到，銷售過程中，找準真正具有決策權的顧客是非常重要的一件事情，一旦沒有找準或者找錯，那麼就意味著之前的努力可能會白費。後來，喬‧吉拉德透過分析發現，一般情況下，在一同前來的幾位顧客中，具有決策權的顧客，其觀點都比較明確，對看中的產品有著積極的態度，會率先發表意見，並提出要求；而另一方則多是附和、順從，很少發表意見。

當然，這只是最常見的情況，還有的情況是顧客會互相商量。這時，業務員又該如何判斷出誰才是真正具有決策權的人呢？一般來說，我們可以從以下兩個方面來判斷：

第九章 促進交易—快速成交背後的 N 個祕密

一、直接和業務員說：「我說了不算」

如果業務員做完銷售展示後，得到了顧客這樣的回應之後，就會下意識地認為，他必然不是最終決策者。但事實上，顧客否認自己不是決策者的時候，他未必真的做不了主。

在顧客直言自己不是決策者的情況下，通常可以分為兩種狀況：一種情況就是他的真的不是，那麼，業務員就可以把銷售重點轉移到他的同伴身上；另外一種情況就是，為了避免業務員的糾纏，他謊稱自己不是。這兩種情況不是立刻就可以分辨出來的，需要業務員仔細留意顧客之間的談話，從而判斷出誰是真正的決策者。

如果這種情況發生在業務員拜訪顧客的時候，就需要問一些問題，來尋找誰是真正的決策者了。一般情況下，真正沒有決策權的人，都會說自己不是決策者，並會說出負責人的名字或是頭銜；如果被詢問者不願意說出具體的名字或頭銜，那麼就意味著他可能就是真正的決策者。

二、一直不表明態度的顧客

有的顧客在業務員的多番詢問下，對他是否是決策者的問題，表現出不置可否的態度。如果遇到這種情況，為了避免引起顧客反感，業務員最好停止詢問，在銷售過程中留意顧客的表現，然後找出真正的決策者。

通常情況下，具有決策權的顧客會比同伴更加關心一些核心問題，比如會問一些細節問題：送貨方式、付款細則、售後服務等。如果這類顧客依然不是真正的決策者，那麼他的主動，或多或少都會影響到真正的決策者。

需要注意的是，顧客之所以表現出模稜兩可的態度，說明他們可能還有疑慮的地方。這時，業務員就需要透過詢問找到問題所在，然後將

其解決，這樣就能保證交易成功。

其實，不論是銷售，還是其他工作，要想做成一件事情，首先要找到那個「能說了算」的人，這樣才能高效地做完一件事情。同樣，對於業務員來說，只有快速從一大堆人中，找到真正具有決策權的顧客，才能達成交易，成為專業性極強的業務員。

第九章 促進交易─快速成交背後的 N 個祕密

製造緊迫感促使顧客成交

不知道業務員在銷售過程中，是否有這樣的體驗，我們得像哄小孩兒那樣，去哄顧客，只有讓顧客高興，我們的交易才算完成。有的時候，雖然在哄的過程中，我們表現的不露聲色，且又不亢不卑，但內心深處卻不喜歡這種被動的感覺。

而且，更重要的是，過分溺愛顧客會讓他們養成壞習慣。所以，要想拿到銷售的主動權，業務員就必須培養自己，讓顧客當天就能決定購買的能力。很多業務員，出於不好意思或者為了表示自己的友好和理解，決定給顧客幾天的考慮時間，等約定時間結束後再進行交易。

而實際上，真正遵守諾言的顧客並不多，因為對於顧客來說，別說幾天，甚至是幾個小時之內，他們都有可能改變主意。而業務員這麼做，就等於把主動權交給了顧客，很可能就會出現不樂觀的結果。

在這個時候，業務員就要變得主動起來，適當給顧客增加一些購買壓力。比如，業務員可以告訴顧客，我們的存貨不多，要抓緊購買。這樣的話語往往可以造成臨門一腳的作用，讓顧客下定決心購買。

當然，有的業務員會認為，在銷售中如果給顧客施加壓力，會引起顧客的反感。但是我們要明白，如果我們不給顧客施加壓力，促使他們購買的話，成交很可能就會在顧客的猶豫中失敗。尤其是銷售保險之類的產品，業務員如果不能未雨綢繆地說服顧客購買，那麼如果顧客在意外事故發生之後，才意識到購買的好處，那麼一切也就於事無補了。

所以說，適當的給顧客一點「機不可失，時不再來」的緊迫感，不僅不是強迫銷售，反而能造成促使顧客購買的作用。

而事實上，從多數顧客內心而言，他們也希望業務員能夠在其拿不定主意的時候幫助他們下決心。如果業務員在這個時候，不能作出一些舉動來幫助顧客下購買的決心，他們可能永遠也無法說服自己購買。

因此，作為業務員，一定要讓顧客在最短的時間內購買我們的產品。一旦決定，就不能給他任何反悔的機會。

當然，要想做到這一點並非易事，業務員需要純熟的業務技巧和處變不驚的能力。再者，我們銷售的多數產品只能滿足顧客的某一種需求，成交的機會是非常小的。除非我們的產品是顧客生活必需品，他不得不向我們購買。然而，不論任何產品，在市場上都有和其功能相似的替代品，業務員銷售的一定不是獨一無二的產品。

在這種情況下，想讓顧客下定決心購買的辦法，就是透過各種銷售方法傳達給顧客一種資訊，讓顧客對產品產生迫切的需求。當顧客產生這種需求的時候，我們的成交機率就非常大了。讓顧客產生迫切需求感的方式之一，就是限制供應法。

喬‧吉拉德每個月月末的時候，都會打電話告訴自己的顧客，下個月某種車型的價格將會漲價，如果對方非常喜歡這款汽車，那麼他就會建議其這個月就來付款，否則一旦漲價，以後就很難用現在的價格買到這款汽車。

當然，喬‧吉拉德所說句句屬實，他不會為了吸引顧客來買車而故意編一些謊話。當一些心動的顧客來的時候，喬‧吉拉德會把公司對汽車調價的公告拿給顧客看。這樣一來，顧客就會心無疑慮地購買汽車了。

這種方法在銷售行業經常可以看到，比如某個化妝品店會張貼出某個產品正在打折的廣告，並且會給出打折購買的期限，錯過這個期限，顧客就無法享受打折優惠了。這樣的銷售方法，一般會給顧客這樣一個

第九章 促進交易—快速成交背後的 N 個祕密

緊迫感：如果沒有在這段時間內購買產品，那麼要想等到下次這個「撿便宜」的機會又不知道會是何時。所以，最後多數顧客都會前來購買。

除了廣告之外，限制供應銷售法還可以在業務員與顧客見面交談時應用，讓顧客對我們的產品產生一種迫切的需求感。業務員可以告訴顧客，現在我們所銷售的產品正處於新上市的期間內，現在低價出售，只是為了提高產品的知名度。這個時期一過，產品就會恢復原價，到那時候，以現在的價格是絕對買不到的。

此外，在股票行業，這一銷售方法也經常被使用。喬‧吉拉德曾舉過這樣一個例子：一位股票經紀人會告訴自己的顧客：「您好，我今天將去拜訪您，因為如果您最近不購買通用公司的股票就太虧了。您知道嗎，現在我們僅僅用 40 元就可以買進一股。這個價格低最初價格 5 倍多！多麼難得的時機啊！讓我們抓住這個機會吧！我們可以用這個價格先收購 3000 股，我們得快，以防明天價格上漲就不會有這麼好的機會了！」

需要注意的是，業務員在說這番話的時候，內心的想法就是希望對方盡快購買，但有時候需要其他語言作為過渡，這樣一來，顧客才能覺得業務員不是在強迫他們成交。比如，喬‧吉拉德經常會對顧客說：「您沒發現我和其他的業務員不同嗎？」

顧客聽了常常都會好奇地問道：「是嗎？哪裡不同？」

喬‧吉拉德回答說：「您沒發現我沒有強迫您購買嗎？因為我並不需要靠強迫顧客購買來養家餬口。尤其是像您這樣的顧客已經認識到了產品的優點，您根本沒有理由不買。」

聽到這裡，顧客只會順著喬‧吉拉德的話說下去：「是的，很棒的車，我非常喜歡。」

眼見時機成熟，喬‧吉拉德便說：「所以我根本沒當自己是業務員，我把自己當成您的祕書在為您服務。我想您一定很欣賞我為您做的一切吧。」話說到這裡，顧客還能說什麼呢？當然是很欣賞了，接下來就順其自然地簽合約了。

在銷售過程中，適當地給顧客一些緊迫感，能夠有效地促使顧客下定決心購買我們的產品，但是要注意靈活運用，在顧客有些不適的時候，一定要快速做出反應，消除顧客的提防情緒，從而保證交易的順利進行。

第九章 促進交易—快速成交背後的 N 個祕密

假定成交，提高成交成功率

作為業務員，我們在日常生活中離不開消費，每年也要和不同的業務員打交道。如果我們觀察仔細的話，會發現很多業務員都會使用「假定成交」銷售法向我們銷售產品。不論對方是否意識到自己在使用這種銷售方法，但不可否認的是，這確實是一種比較有效的銷售方法。

所謂假定成交指的是，業務員在沒有徵求顧客的前提下，多用反問的方式盡量多銷售自己的產品，或者直接用已經成交的口吻與顧客交談。比如，我們在加油站幫汽車加油的時候，如果遇到一些新手可能會問：「加多少？」但如果是一些經驗豐富的工作人員，通常的詢問都是這樣的──「加滿嗎？」後者使用的正是假定成交銷售法。

當加油站的工作人員詢問我們是否把油箱加滿的時候，他既假定了我們需要購買汽油，同時，也假定了我們需要把油箱加滿。這樣詢問的好處是，即使我們會猶豫一下，但也會考慮到，這次加滿就等於延長了給汽車加油的週期，所以，我們一般會以「把油加滿」來回應對方。

像這樣的情況還有很多，比如當顧客走進服裝店的時候，他一定是有購買新衣服的需求；當顧客來到一家飯店的時候，他一定是感到了飢餓；當顧客來到一家超市，一定是他缺乏了某種生活用品，所以必須購買一些……這些情況，是任何人都可以想到的。因此，作為業務員，不論我們銷售的產品是什麼，我們都要明白這樣一個道理，只要顧客願意走進我們的店裡，不論最後能否成交，至少他對我們所銷售的產品感興趣。

如果換個角度，這個道理依然能夠站得住腳。當業務員去拜訪顧客的時候，同樣可以根據顧客接待我們的態度、傾聽時的表情、提出的問

題來做出一些假定：顧客對我們的產品是有一定興趣的。之所以這麼說，是因為如果顧客對我們銷售的產品沒有任何興趣的話，不論我們的產品有多麼好，他都會直接拒絕我們的拜訪。

當然，也有人會認為，萬一碰到一些素養比較高、又不願意直接拒絕，而選擇勉強接待業務員的顧客？這種情況當然會出現，但即使素質再高的顧客，如果他確實對我們的產品沒有任何需求，他絕對不會浪費自己的時間，必然會委婉地提出拒絕。

那麼，問題就來了，業務員在什麼時候運用假定成交才最為合適？喬‧吉拉德面對這個問題，曾給出這樣簡潔的回答：「當我遇到一個願意聽我介紹的顧客時，我就假定會成交，哪怕他只是停下來聽我說了幾句話。」這也就是說，喬‧吉拉德把每一位顧客都假定成會購買自己汽車的潛在顧客。

很多人認為喬‧吉拉德這種想法有些不切實際，而實際上，喬‧吉拉德的這種想法確實讓他碰過很多次釘子。但他卻不改初心，他認為，這些顧客從內心來說，還沒有真正拒絕自己，只是需要他用足夠的誠懇和理由，來打破顧客的心理防線並獲得他們的信任。

所以，喬‧吉拉德認為，說服顧客的前提是，把這些曾經拒絕自己的顧客當成重要顧客，這樣他才能自信十足地介紹自己的產品。而很多顧客一開始就拒絕業務員詳細的介紹，有時候這並不意味著他們不需要這件產品，而是因為他們知道，在聽完業務員介紹之後，他們可能就再也找不到理由來拒絕業務員了。喬‧吉拉德對顧客這一心理把握得十分到位，所以他在一開始就使用了假定成交銷售法。

喬‧吉拉德有一個朋友，是個非常專業的保險業務員，他曾和喬‧吉拉德分享過這樣一件銷售經歷。一次，他和一位顧客約好見面，可到了見面的時間，顧客卻遲遲沒有出現。如果換作其他業務員，肯定會認為

第九章 促進交易─快速成交背後的 N 個祕密

這位顧客是不願意購買保險而故意爽約，於是便選擇了放棄。

但這位保險業務員不僅沒有放棄，反而假定這筆交易一定能夠成交。他會在第二天晚上給顧客打電話，並為昨天自己沒有按時赴約向顧客道歉。而實際上，爽約的是顧客，這位業務員之所以會這麼說，無非是想贏得第二次銷售的機會。

這位朋友的分享給了喬‧吉拉德很大啟發，在此後的銷售中，不論面對如何難纏的顧客，只要對方開口說第一個字，他都會假定這筆生意成交，然後信心十足地開始進行汽車的銷售展示。喬‧吉拉德認為，在一場交流中，假定成交的次數越多越好。

而在現實銷售中，很多業務員只有在快要成交的時候，才假定這筆生意會成交，其實，這對業務員是最不利的。喬‧吉拉德認為，要在說每句話、做出每個行動的時候，都假設顧客一定會購買自己的產品。在和顧客交談的整個過程中，要不停地假設自己會成交，因為只有你這樣假設，才會使得顧客在你的話語中開始假設自己將要購買你的產品。很多人稱這種假定成交的方式為「給顧客洗腦」。

一提到「洗腦」，很多人就會無端生出許多厭煩來，但喬‧吉拉德認為，作為業務員，如果透過輕微的洗腦，能夠促使顧客購買他們所需要的產品，本來就是一舉兩得的事情，這沒有任何不妥當之處。再說，這種銷售方法已經被廣泛應用到各個銷售領域，比如像一些節目廣告，透過不斷轟炸閱聽人感官和視聽，使顧客對該廣告留下深刻的印象。

當某位顧客需要購買類似功能的產品時，從大腦跳出來的，首先是廣告中的產品，它潛移默化地讓顧客認為自己需要購買這件產品。這就好像顧客去電影院看電影的時候，電影院裡的滾動廣告螢幕，會不斷播放「觀看電影中您會感到口渴，請及時購買飲品」之類的提醒。這樣一來，如果沒有自帶飲品的顧客，一般不會再到外面購買，而會選擇電影

院裡的高價飲品。

同樣的道理，當業務員透過暗示，不斷提醒自己這筆生意一定可以成交，那麼自然就會做出以成交為目的的銷售行為。而這樣的行為會潛移默化地對顧客產生一定影響，使他們最終決定向我們購買產品。絕大多數人可能會有這樣的購物經歷，當我們只為買一件外套走進一家服裝店，當出來之後，我們就會發現，除了購買外套之外，我們還可能買了別的衣服，而這些衣服本來不在我們購買計畫當中。

而實際上，當我們走進服裝店之後，業務員就開始用假定的方式，認為我們不會只買一件衣服。而在這種情況下，我們恰好又碰到除了外套之外，自己喜歡的衣服，以至於我們後知後覺地發現，我們多買出好幾件衣服。

值得注意的是，運用假定成交的銷售方式，並不意味著業務員不斷暗示自己，就可以促使顧客購買。而要想使這個銷售方法最大程度地發揮作用，還需要業務員掌握一些話術。很多銷售話術，如果換一種方式表達，就可能產生不同的銷售結果。喬‧吉拉德曾經總結過以下銷售話語，他認為這些話術適用於很多銷售行業，而不僅僅局限於汽車銷售。

「我會把發票直接寄到您家裡，您請提供一下家庭住址。」

「您同意的話，請在左下角簽名。書寫的時候，麻煩您用力一些，因為複寫紙上的簽名需要清晰。」

「恭喜您，購買這個產品是非常明智的決定。」

「我們會馬上安排工作人員把產品送到您家裡。」

……

不論顧客最後是否做出購買決定，業務員一定要在這之前使用以上銷售話術，表達的時候一定要流暢，這會不斷給顧客一個「決定購買」的

第九章 促進交易—快速成交背後的 N 個祕密

心理暗示。所以，對於業務員來說，與其詢問顧客「您今天需要先付一些訂金嗎？」不如詢問顧客「您今天想要預付多少訂金？」

第一種詢問方式會把主動權交給顧客，那麼顧客完全可以找理由不交定金；而第二種詢問的方式直接表明了業務員的態度——如果要想購買產品，前提是必須付一部分定金。最後不論顧客會付多少定金，一旦預付，那麼他幾乎不會有反悔的機會，這也就意味著這筆生意已經成交了。

可見不同的詢問方式，會產生不同的銷售結果。所以，喬·吉拉德建議業務員將一些常用的假定銷售話術記在筆記本上，遇到空閒的時間，就可以拿出來練習。因為「看」和「說」是兩件完全不同的事情，只有經過事先練習，業務員才能真正地熟練地運用。比如，一位保險業務員經常會說：「我馬上就把您的名字填到汽車保險的保單上。」對於這類經常能夠用到的話術，業務員應該爛熟於胸，以便在工作中隨時取用。

業務員應該明白，我們對顧客說這些話的目的，並不是刺探顧客是否有購買的決定，而是當我們得知顧客有購買願望的時候，我們想盡一切辦法來完成交易。喬·吉拉德的做法是，顧客第一次拒絕在訂單上簽字的時候，他不會與顧客在是否簽字的問題上進行糾纏，因為他明白，越是糾纏越容易導致成交失敗。

所以，他會放棄這個問題，繼續向顧客說一些關於汽車的話題，並最大可能地贏得顧客的信任，然後再嘗試著請顧客簽字。

如果顧客仍然不為所動，那麼喬·吉拉德還會用其他辦法來贏得顧客的認可。如果喬·吉拉德使勁渾身解數之後，顧客仍然在猶豫，那麼他就適可而止，然後改變策略，對顧客這樣說：「在下個星期五之前，我會按照您的要求把汽車準備好，然後您下班之後直接可以把它開走，這樣可以嗎？」或者他也會說：「有一款新到的優質防護漆，您的新車需要塗一層嗎？」

只要顧客的態度有所鬆動，喬‧吉拉德就是適時請顧客簽字。反之，如果顧客仍然表示拒絕，喬‧吉拉德依然不會放棄，而是會詢問顧客對那裡不滿意，然後做出改變，直到顧客滿意為止。

縱觀喬‧吉拉德的假定銷售方法，雖然有不少話術上的技巧，但我們看到的，更多的是他永不放棄的精神，這才是最重要的。所以，業務員要擁有堅持不懈的精神，然後再運用假定銷售法，兩者結合起來最後才能贏得銷售上的勝利。

第九章 促進交易─快速成交背後的 N 個祕密

把握報價的最佳時機

對於多數顧客來說，不論購買什麼樣的產品，他們首先考慮的就是價格問題。所以我們作為銷售人員，一定要明白，在與顧客探詢價格的時候，一旦產生分歧，就很容易使銷售陷入僵局。因此，對於業務員來說，在銷售過程中，應該掌握報價的最佳時機，否則就容易失去一位顧客。

在實際銷售中，很多業務員由於沒有掌握與顧客談價格的技巧，往往會出現兩種情況，一是直接丟了訂單；二是雖然完成了交易，賺到的佣金卻少的可憐。

銷售是一份靠佣金增加收入的工作，如果業務員掌握不好談價的技巧，要麼直接拒絕顧客的降價要求，要麼就是被顧客掌握了主動權，被迫把價格降到了離譜的程度。不論是哪種情況，這都會影響到業務員的收入。

如果長期以往，業務員的自信心必然會受到打擊，在加上經濟得不到保障，最後不得不離開銷售行業。

那麼，面對顧客的價格詢問，業務員該如何應對才能保證交易順利進行的同時，又不讓自己的利益受到損失呢？

一般情況下，顧客還沒有全面了解產品的時候，就開始急不可耐地詢問產品的價格。這時候，如果業務員立刻回答顧客的話，給出的價格很可能無法滿足顧客的要求，從而導致交易失敗。

正確的做法應該是，業務員透過詳細的銷售展示之後，顧客已經了解到了產品的價值，而且已經產生了購買的慾望。此時業務員再報價，

顧客也往往容易接受，即使還價，也是在小範圍內。總之業務員在沒有做好充分準備之前，絕對不可以報價。

　　對於喬·吉拉德來說，在他多年的銷售生涯中，對在什麼時候報價，已經是瞭然於胸。在他看來，每個人都希望擁有一輛屬於自己的汽車，但汽車畢竟是價格比較昂貴的產品，很多顧客都會在汽車的價格面前望而卻步。針對顧客這樣的心理，喬·吉拉德會選擇自己最有把握的時候向顧客報價，從而打動顧客。

　　一般情況下，顧客來看車的時候，首先會向喬·吉拉德詢問汽車的價格，以判斷自己的經濟能力能否承擔得起。這個時候，喬·吉拉德從來不會正面回答顧客的詢價，而是像什麼都沒發生一樣，繼續向顧客做業務展示。

　　當然，不乏有比較執著的顧客，他馬上就會不甘心地再次詢問。這個時候，如果喬·吉拉德仍然不予理會，就顯得失禮了。所以，喬·吉拉德一般都會這樣回答顧客：「請稍等一下，我們馬上就要談到價格的問題了。」然後繼續進行銷售介紹，直到認為顧客已經了解到汽車的價值，他才會報價。

　　有的時候，顧客會對價格過於關心，如果喬·吉拉德仍然沒有回答他的問題，他就會第三次詢價。此時，如果喬·吉拉德依然沒有十足的把握，他依然不會給出價格。而一些業務員擔心顧客會就此失去耐心，便在自己還沒有十足把握的情況下，給出了一個剛出口不久後悔的價格。

　　如果業務員再遇到這種情況，不妨效仿喬·吉拉德的做法，對顧客說：「我希望能夠讓您多了解一些關於產品的資訊，這樣您才能知道這是一筆多麼合算的交易，之後我馬上就會談到價錢。」然後繼續用一種友好的語氣對顧客說：「您別擔心，您一定會覺得物有所值，請先聽我解釋，可以嗎？」

第九章 促進交易—快速成交背後的 N 個祕密

直到喬‧吉拉德已經充分地展示了產品的價值，並且確定顧客已經了解到產品的價值之後，他才會談起價格的問題。但此時，他也不會直截了當地告訴顧客報價，而是先要製造一些懸念。這樣的目的是加強顧客購買的意識，例如我們可以說：「相信您一定已經喜歡上我們的產品了，等到您發現這筆交易真是物有所值的時候，您一定會激動不已的。」然後再稍作停頓之後，繼續說道：「讓您等了這麼久，實在不好意思，現在我們就來談談價錢吧。」通常到了這一步的時候，顧客已經不是再考慮是否根據產品的價格而選擇是否購買了，而是想急迫地知道，到底需要花多少錢才能買到這個產品。

最後，喬‧吉拉德建議每一個業務員在面對報價的問題上遵守以下幾個方法：

一、初次報價不要報最低價

有的業務員為了留住顧客，開口就報很低的價格，這樣的做法顧客未必會領情。因此，業務員應該做到，在報價之前已經了解到競爭對手產品的價格，也了解自己的產品在同類產品中的所處的價格位置。

如果我們的產品價格偏高，那麼就要找出價格偏高的原因，並向顧客說明。如果我們的產品價位屬於中等，就要找出產品比與高等價位產品的相似之處，如果能在效能上與高價位的同類產品持平，就意味著我們掌握了價格上的優勢，也就更容易說服顧客。

如果我們的產品價格偏低，就要考慮產品是用了更加低廉原料、新的製作工藝，因此降低了成本。總之，不管怎樣，業務員都要向顧客說明產品定價的依據，以表明我們報價的合理性。

二、先了解顧客的購買量

為了避免出現盲目回答，在顧客詢價的時候，業務員需要和顧客進

行深入交談，以掌握顧客需要產品的數量以及品質要求，同時還要了解到顧客是個人選購，還是企業採購代表。如果是個人，那我們的報價就可以適當的低一些；如果是企業採購代表，我們就需要考慮顧客購買產品達到多少數量，才能享受批發優惠價格。

三、業務員不要主動報價

如果顧客詢價，業務員可以反問顧客他們心裡希望價格是多少。這樣反問的好處在於，業務員可以明確地知道顧客能夠接受的價位。在掌握了這一點之後，業務員就可以報一款最低的產品價格，但要向顧客說明這款產品的優劣勢所在，讓對方明白一分價錢一分貨的道理。

這三個方法既可分別應用，也可混合使用，因為報價永遠是隨機應變的，但業務員要遵守一個原則──要使這次交易的利潤達到最低保障，如果低於利潤的最低原則，就不如放棄這次交易，畢竟業務員不能虧本與顧客達成交易。

第九章 促進交易—快速成交背後的 N 個祕密

為成交做好準備

我們看一位優秀的業務員，與顧客進行每一筆交易的時候，顯得異常輕鬆，僅僅是和顧客談一會兒，就讓交易水到渠成了。其實，很多時候，我們只看到了他成功的表面，卻沒有意識到他背後的付出。

對於優秀的業務員來說，他所進行的每一筆交易，都事前做過充分準備，如果沒有準備，很難厚積薄發，取得銷售上的成功。喬‧吉拉德認為，作為一名專業的業務員，就要時刻為成交做好準備，「時刻準備著」並不僅僅只是美國童子軍的座右銘，它應當像紋身一樣被刻在每一個業務員的胸口，以便提醒著我們要牢牢記住。

實際銷售中，業務員的桌子上都會準備一些白紙，用來隨時記錄關於顧客的資訊。等與顧客快要成交的時候，再把這些資訊登記到訂貨單上和貸款申請表上。這樣的做法看似不錯，也是很多業務員多採用的方法。但是，喬‧吉拉德卻從來不這樣做，他時刻為成交準備著，因此，在他的桌子上放的不是白紙，而是訂貨單和貸款申請表。

在喬‧吉拉德與顧客見面後，他會一邊與顧客交談，一邊把了解到的資訊直接填寫在表上。等交談快要結束的時候，他已經把所有的表填寫完畢，就等著顧客簽字了。如果他也像其他的業務員一樣，先把顧客的資訊登記在白紙上，然後再把這些資訊重新登記在表格上時，顧客可能會想到自己還有重要的事情要去辦，於是馬上告辭離開，這樣一來，即使顧客表達了購買意向，但奈何各種表格沒有填寫完畢，所以顧客是不會簽字的。那麼，這也就意味著這筆交易失敗了。

所以，對於業務員來說，永遠不要打無準備之仗，我們要在面對顧

客之前做足充分準備，只有這樣成交才能順利進行。對於業務員，應該做好以下 8 項成交準備：

一、對交易中所有的談話結果做準備

在進行銷售之前，業務員就要確定自己此次的銷售目的是什麼，比如，成交的金額是多少。同時對顧客的需求要有所了解，否則不知道對方想購買什麼類型產品，就無法把產品銷售給對方；其次，要明白自己的成交底線是多少，不能為了成交一味做出讓步，這樣就無法達到我們預期的成交金額。再次，事先設想顧客會提出什麼樣的異議，並準備好處理異議的預案。最後，要根據談判的情況為自己擬定出成交所選用的方法。

二、做自己精神上的「打氣筒」

很多業務員在成交的時候，都存在著心理障礙。因此，這項準備就要求業務員要克服這種心理障礙，在成交之前，要做好心理準備。

不論顧客的氣場如何強大，我們都要挺直胸膛告訴自己：我並不比別人差；我是最優秀的業務員；我是產品介紹的專家，能夠解決顧客提出的任何問題……不論透過什麼方式暗示自己，目的是為了消除我們在成交時的緊張情緒。

需要注意的是，在成交的過程中，業務員要始終保持一顆平和的心態，不能遇到一些強勢的顧客就顯得低眉順眼；遇到氣場不如自己的顧客，就顯得高高在上，處處讓顧客難堪。

三、為自己的知識做儲備

這項準備就相當於戰士上戰場之前一定要磨槍一樣，業務員在進行銷售之前，也要掌握關於產品的一切知識，除了能夠為顧客詳細介紹產品之外，還要準備好顧客可能會問到一些問題的答案，比如，我們的產

第九章 促進交易—快速成交背後的 N 個祕密

品為什麼要比其他同類產品價格高？如何保障產品的品質？售後服務可以信賴嗎？……

當業務員為以上問題做好準備之後，再與顧客進行成交，就會顯得輕鬆自如了。

四、知己知彼

古話說「知己知彼百戰不殆」，意思是如果對敵我雙方的情況都能了解透澈，打起仗來就不會有危險。喬‧吉拉德曾把銷售比作一場戰爭，如果業務員要想贏得戰爭的最後勝利，就要了解每一位顧客的背景，然後根據此制定銷售方案，這樣才能增加成交的機率。

五、做好情緒上的準備

銷售是一份需要激情的工作，對成交充滿激情的業務員，最後多數都能促成成交。因為，沒有顧客願意和一個垂頭喪氣的業務員打交道。所以，在成交之前，業務員就應該調整自己的情緒，使自己變得興奮起來，以此來影響顧客的情緒，讓顧客也以高昂的情緒與我們完成交易。

第六、為贏得顧客的信任做準備

通常情況下，顧客在成交的緊要關頭表現出猶豫，就說明在顧客的心中還是沒有對業務員 100% 地信任。因此，業務員要在成交之前，努力營造出一個值得顧客信賴的形象。事實證明，優秀的業務員都會用 80% 的時間去建立可信的形象，只用 20% 的時間去成交。可見，建立信任感在成交之前的準備中，是十分重要的一項。

七、為塑造產品價值做準備

價格是成交時的一大障礙，顧客之所以會認為產品價格高昂，通常是因為業務員沒有把產品的價值塑造出來。如果業務員能夠讓顧客覺得

產品物有所值，那麼顧客對價格的異議也會減少許多。因此，業務員在產品價值塑造方面一定要準備充分，這是促進快速成交的有效辦法。

八、準備好競爭對手的數據

在成交之前，顧客通常把業務員介紹的產品，與我們的競爭對手的產品做比較，以此來確定自己買哪一個會更划算。因此，這就需要業務員提前準備好關於競爭對手產品的數據，並在合適的時候提供給顧客。當然，這些數據要和喬・吉拉德準備的一樣，是關於競爭對手產品缺陷的數據，並且保證數據必須屬實。別小看這些數據，它可以為成交除去許多障礙。

這個世界上沒有隨隨便便的成功，縱觀那些成功者，無不是前期進行了幾年甚至是十數年的努力和準備，然後在某個機會面前一鳴驚人。同樣的道理，對於業務員來說，如果沒有做好充分的準備就去面見顧客，就會讓顧客覺得我們沒有信心面對成交。

第九章 促進交易—快速成交背後的 N 個祕密

向顧客傳遞愛的資訊

作為業務員，我們與顧客成交之後，還能記得住顧客嗎？或者反過來說，顧客會記得我們嗎？而實際上，對於很多業務員來說，與每位顧客都只會進行一次成交，交易過後，以後很難再取得聯繫，更別說讓顧客記得我們了。

而對於喬‧吉拉德來說，不論面對什麼樣的顧客，他都會盡力給對方留下一個深刻的印象。他曾自信滿滿地說：「我打賭，如果你從我手中買車，到死也忘不了我，因為你是我的。」

不要以為這是喬‧吉拉德在吹牛，金氏世界紀錄的工作人員曾經對這句話進行過考核。他們在查實喬‧吉拉德的銷售記錄時，對他說：「但願你的車是一輛一輛賣出去的，最好別讓我們發現你的車是賣給計程車公司。」喬‧吉拉德信誓旦旦地說：「我敢保證，我有他們每一個人的聯繫方式，你們可以一個一個地打電話考核。」

金氏世界紀錄的工作人員便試著給打電話給喬‧吉拉德的顧客，詢問是誰把車賣給了他們，所有人的回答都是一樣的，賣車給他們的人就是喬‧吉拉德，提起喬‧吉拉德的他們更像是再提起一位老朋友。對這樣的調查結果，金氏世界紀錄的工作人員感到十分滿意，因為喬‧吉拉德沒有說謊，他的車確實是一輛一輛賣出去的。然而滿意的同時，他們還感到不解，喬‧吉拉德到底用了什麼樣的銷售方法，能夠令所有的顧客記住他呢？

對此，喬‧吉拉德一直強調沒有祕密，他所做的任何業務員都可以做到。這個訣竅就是 「愛」，僅此一個字而已。每個月他要發出 1.6 萬張

卡片，在每一張卡片上都會寫上「我愛你」三個字，「這不是一張普通的卡片，」喬‧吉拉德強調說，「它們是充滿愛的卡片，我每天都在發出愛的資訊。」

就是透過這種方式，喬‧吉拉德讓每一位顧客都感覺到了他的愛意。喬‧吉拉德發明的這一服務系統，被世界500強中的許多大公司所效仿，並且取得了非常好的效果。

對於顧客而言，他們更注重消費帶給他們的感受，如果業務員能夠和顧客形成親密友好的關係，顧客看在這份「情」的基礎上，也會購買我們的產品。

假如有一天業務員去拜訪顧客，當你到顧客家門口的時候，忽然烏雲密布，而顧客家的衣服還晾在外面。這時候你會怎麼辦呢？是趕忙跑進顧客的家中避雨呢？還是冒著被雨淋的危險，先跑去幫顧客收衣服呢？

如果業務員選擇第一種，雖然這不會對我們的成交造成什麼影響，但是也不會有什麼好的幫助；但如果你選擇了第二種，會怎麼樣呢？顧客會十分感激，為了表示他對業務員的感謝，他會十分認真地對待我們的銷售，最後，很可能出於感激，而選擇購買我們的產品。

這就是愛的力量，它可以直擊人類最柔軟的地方，那是隻有用愛才可以到達的地方。可是有的業務員恰恰不能明白這個道理，在他們的腦海中，似乎促成成交的方式只有不停地遊說，從而完全忽略了顧客的情感和感受，這樣的業務員是比較自私的，也是很難取得成功的。

有這樣一個故事：一個家庭消防器材的業務員去拜訪一位顧客。而那位顧客4歲的兒子不幸走丟了，他們全家焦急萬分地找遍了所有的大街小巷，都沒有結果。他們不得不報警，藉助警方力量，而這位顧客則開著車到商店街去尋找，每到一個地方他都大聲喊著自己兒子的姓名，

第九章 促進交易—快速成交背後的 N 個祕密

周圍的人見了，很多都加入到幫助他尋找兒子的隊伍當中。

為了能夠知道小兒子是否已經被找到，他不得不多次趕回家中去看。就在其中一次回家的途中，顧客遇見了這位業務員。這位業務員是打算當面向顧客銷售家庭消防器材。顧客心急火燎地告訴業務員他的兒子走丟了，他現在必須去找回兒子。

那位業務員聽後卻無動於衷，沒有任何表示，反而繼續向顧客銷售。這一舉動激怒了顧客，他憤怒地對業務員說：「如果你現在給我找到兒子，我保證會和你談消防器材的問題！」

最後，顧客的兒子找到了，當然不是業務員幫忙找到的，結果可想而知，他是絕不可能向這位顧客銷售成功的。

所以，對於業務員來說，不論我們銷售的產品是什麼，前提是要擁有一顆仁愛之心。只有心中有愛，我們在銷售的過程中，才能處處替顧客著想，這樣才能贏得顧客的信任和友誼，此時成交也就是一件水到渠成的事情了。

學會辨識成交訊號

在銷售過程當中，作為業務員的我們，是如何判斷出顧客有成交的願望呢？是透過不斷詢問顧客？還是等待顧客主動表達自己有成交的願望？

不可否認的是，這兩種方法確實能夠得知顧客是否有成交的願望，這兩種方法，卻都不太高明，而且容易使業務員失去銷售的主動權。如果詢問次數多了，可能會引起顧客反感；如果一味等待顧客回答，那麼顧客就會拖延成交，一旦如此，很可能就會出現變數，那麼到最後，實現成交的機會，也就變得渺茫了。

正因為如此，作為銷售大師的喬‧吉拉德在眾多業務員眼中看來，他似乎是有什麼魔法能夠保證多年來一直保持如此高的成交率。而事實上，喬‧吉拉德和所有的普通業務員一樣沒有什麼區別。在鑑別成交訊號上，他也沒有特別的過人之處，並不像許多業務員所想的那樣，他在銷售方面有過人的天賦異稟，可以讀懂顧客的成交訊號。

而喬‧吉拉德認為，有很多天賦是可以與生俱來的，比如音樂、繪畫等，但是沒有人生下來就具備讀懂購買訊號的天賦，辨識購買訊號完全是一種可以後天培養的技能。在培養這種技能時，喬‧吉拉德提醒每一位業務員首先就要做到不存有任何偏見。

因為在實際銷售當中，很多業務員常常會下意識地根據每位顧客的著裝、工作、信仰等來判斷顧客的性格、愛好、習慣等。業務員，不是專業的心理學家，如果以此來對顧客進行判斷的話，難免會造成一些誤會，就如喬‧吉拉德所說：「當一位顧客既有錢又有購買意願的時候，他

第九章 促進交易—快速成交背後的 N 個祕密

的祖先是誰，他的膚色是黑是白，他的宗教信仰是什麼都無關緊要。不要單純地認為會計師就是性格多疑而保守，只對產品本質感興趣；醫生就是自以為是，喜歡受人崇敬，善於思考，不喜歡在自身領域之外做決定。這樣的判斷都會在交易中使業務員對顧客產生偏見，導致我們作出錯誤的判斷。」

所以，當一個衣著華麗、珠光寶氣的顧客走進汽車展銷大廳時，喬·吉拉德就會想這個顧客可能喜歡買那種刺激、新潮的車；如果在顧客的辦公桌上看見一些小玩意兒的話，他就會想這個顧客可能喜歡一輛掛有藝術品的車。但不論怎樣，顧客身邊的一些事物總會向業務員傳達一些資訊，而這些資訊僅僅是在心裡的預想，並不能作為我們進行銷售活動的參考因素。

對於這些資訊，業務員只能和顧客進行充分的交流之後，來證實這些資訊是否正確。

同時，喬·吉拉德再次提醒每一位業務員，顧客的每一種表情和動作都有一種潛在的含義，一定要密切觀察顧客的明顯變化，這樣就能夠發現一些有價值的訊號。譬如，當業務員銷售食品的時候，看到顧客的喉結不斷上下攢動，我們就可以從中得出兩條資訊，一是顧客很飢餓，二是顧客有品嚐美味的慾望。這是屬於比較明顯的訊號，但通常情況下，顧客購買的訊號都是微妙的、不可言傳只可意會的。

大多數情況下，購買訊號的外表都罩著一層假象，很容易給予人誤導。如果這時業務員依舊不願意放棄自己的成見，則可能會導致交易失敗。畢竟，我們只是業務員，而不是心理學家。一個業務員在邀請喬·吉拉德觀看他銷售的過程，喬·吉拉德發現，那個業務員就犯了這樣的錯誤。

在他整個銷售過程中，當顧客開始詢問價錢時，業務員如實說出了

價錢，顧客聽後就拿出了一個演算本和一個電腦，然後就開始在紙上進行計算。看到這種情形，那位業務員變得有些緊張而猶豫，說起話來也是拐彎抹角。

等到顧客離開後，他向喬‧吉拉德抱怨道：「你看他做了什麼？我一看就知道他不是誠心來買汽車的，他只是隨便看看，我打賭他會轉遍這裡的每一個車行，找不到價格最便宜的汽車，他是永遠不會決定購買的。」

而喬‧吉拉德卻不這樣認為，至於顧客為什麼要拿出電腦，這不必去研究。但至少有一點是可以肯定的，就是顧客拿出電腦來計算，說明了這輛車在他的考慮範圍之內，不然他不會費神記下所有的數據。因此，喬‧吉拉德告訴那位業務員，在判斷購買訊號的時候，要保持克制和謹慎，不要自以為是地去作出判斷。在此，喬‧吉拉德將顧客成交的訊號分為語言訊號、行為訊號和表情訊號3種：

一、表情訊號

顧客的表情是很微妙的成交訊號，常常稍縱即逝，因此需要業務員仔細地辨別。在所有的表情訊號中，眼神是顧客最能直接透露購買資訊的。若是商品非常具有吸引力，顧客的眼中就會顯現出渴望的光彩。

除了眼神之外，還有一些表情能夠展現出成交的訊號，例如：嘴唇開始抿緊，好像在品味什麼或者嘴角微翹；神色活躍起來；態度更加友好；之前造作的微笑變成自然的笑容；眉頭不再緊鎖，眉毛上揚。

二、語言訊號

大多數情況下，顧客在與業務員商談的過程中，是透過語言來表現成交訊號，這也是購買訊號中最直接、最明確的表現形式，也比較利於業務員發現。

第九章 促進交易—快速成交背後的 N 個祕密

當顧客為了一些細節問題不斷地詢問業務員時，這種刨根問底其實就是一種購買訊號；當顧客由堅定的口吻轉為商量的口吻時，就是購買的訊號；或者是由懷疑的語氣轉換成驚嘆的語氣，也是購買的訊號。歸納起來，可以分為以下幾種情況：

請教產品的使用方法；提出一個更直接的建議；打聽關於產品的詳細情況；給予一定程度的肯定或是贊同；提出一個新的購買問題。

以上情況的發生，就說明顧客已經不再考慮了，而是準備購買了，所以業務員不能錯過這個機會。應當注意的是，在語言訊號中，顧客很可能會提出一些反對的意見，但是反對的意見也有兩面性，一些是成交的訊號，一些就不是，這需要業務員根據自己的經驗加以判斷。

三、行為訊號

當顧客表現出一些積極的動作時，比如很快地接過宣傳手冊，並認真地閱讀，就是準備購買的訊號；反之，表現出防備的動作時，例如雙手抱胸，離業務員距離較遠等，就是無效的銷售反應。具體的可以分為以下幾類：

顧客點頭表示讚許；用手接觸訂單；再次檢視樣品、說明、廣告等；身體比較放鬆；身體向前傾，靠近業務員。這些動作都能展現出顧客「基本接受」的態度，可以視為準備購買的訊號。

最後，喬·吉拉德提醒每一位業務員，這些技巧只能造成參考作用，因為實際銷售過程是複雜且多變的，所以業務員還是要根據具體的情況加以靈活的運用，這樣才能不被前人的經驗所束縛，從而總結出自己的銷售經驗。

急於求成只能適得其反

急不可耐，是很多業務員的通病。在顧客剛踏入店門，還沒等顧客看清店裡的環境時，業務員馬上迎過去劈頭就問顧客需要什麼。而此時，顧客雖然看清了店面的布局，卻沒有完全看完店裡的所有產品，所以對於業務員有些著急的詢問，難以接受的同時，也產生了就此離去的想法。

或許有人認為，這有些誇張，但作為業務員的我們也常常會上街購物，不知道是否有過這樣的經歷，當我們走進一家服裝店的時候，不止一個業務員會直截了當地問我們需要什麼，他們臉上顯現出的不是真誠服務，而是一副恨不得馬上就讓我們選擇購買的急迫表情，而且可能更讓我們無法忍受的是，當我們鼓足勇氣在店裡轉一圈的時候，業務員始終緊跟其後，這一行為讓我們心理壓力倍增，之前心裡那點購買慾望早已蕩然無存，最後我們像逃跑一樣離開了服裝店。

現在反過來說，作為業務員的我們如果迫切希望顧客立刻成交，除非顧客有非常明確的購買目標，否則基本上不可能成功。不管什麼產品，顧客都擁有考慮和選擇的權利。如果業務員表現的太過急功近利，只會引起顧客的反感，從而導致交易失敗。

銷售是一份需要付出極大耐心的工作，而急於求成不僅無益於成交，反而會成為逼走顧客的導火線。每一個人的時間都很寶貴，但這並不能成為業務員急於完成交易的理由。有經驗的業務員都知道，促使一場交易失敗最簡單有效的方法，就是在成交的時候表現出急切。與其用相同的時間內和幾個顧客達到熟悉的程度，還不如用同樣的時間認真對待一位顧客，這樣就有機會贏得這位顧客。

第九章 促進交易—快速成交背後的 N 個祕密

在銷售過程當中，如果業務員發現顧客開始變得沉默不語的時候，我們就會認為，顧客對產品的興趣也在逐漸減少。在這種情況下，業務員通常會認為，如果自己閉口不言的話，顧客很可能會打消購買產品的念頭。

而實際上，業務員大可不必如此，因為在此之前的銷售介紹相信顧客已經認真聽過了，如果這些不能引起他的興趣，那麼業務員做再多的補充介紹，也無法達到我們希望的效果。

每當喬‧吉拉德遇到這樣的情況，他就不會再繼續介紹下去，而是會向後退一點，轉而問顧客一些和產品看似無關的問題。例如，如果顧客的年齡看起來和他差不多，他就會拿起一邊的嬰兒椅問顧客：「孩子多大了？」一般情況下，孩子都是顧客的軟肋。

這時候，顧客就會拿出孩子的照片給喬‧吉拉德看，喬‧吉拉德會一邊仔細端詳照片裡面的小孩兒，一邊稱讚說：「多麼可愛的寶寶，您真是太有福氣了。」這樣的恭維通常都會讓顧客感到高興，之前的防備心理就會放鬆下來。而這正是喬‧吉拉德再次「進攻」的好時機。

當然，在這個時候，喬‧吉拉德絕對不會和對方談起自己的家庭，除非顧客有所要求，否則他絕對不會蠢到在顧客的面前誇耀自己的孩子有多麼可愛，這樣會讓顧客認為他是在企圖凌駕於自己之上。這只能增加顧客的敵對情緒，對放鬆顧客的防備心理沒有任何好處的。

所以，業務員可以根據喬‧吉拉德的經驗，在顧客沉默的時候，試著去談一些能夠引起顧客興趣的話題。比如，多數顧客來買車的時候都會開著現有的汽車，在顧客的車子裡我們常常能夠看出他的興趣愛好等一些基本情況。比如，顧客的車子裡面有魚竿，那就說明顧客可能喜歡釣魚，因此我們就可以和顧客談論一些釣魚方面的話題，然後找適當的機會再把話題引到汽車上面。

當然，除了車子以外，銷售其他的產品的業務員，也能夠在顧客身

上發現一些有用的資訊，只要我們用心去觀察都能夠發現，萬不可因為急於求成而嚇跑了顧客。所以，在銷售過程當中，業務員應該遵守以下規則：

一、與顧客溝通要保持耐心

最初與顧客接觸時，可以說一些比較廣泛的話題，目的是為了引起顧客的注意。而當談判進入成交的階段時，就要全力製造氣氛迫使對方購買，這時候就需要業務員有足夠的耐心。

通常造成業務員對成交沒有耐心的原因有：主動放棄，在沒有成交之前，業務員在心裡就認定顧客不會購買，因此不等顧客拒絕，他們就已經自動放棄爭取成交的機會了，顧客買與不買，就聽天由命了。

此外，有的業務員自身就缺少耐心，因此面臨成交的時候，若顧客遲遲不做決定，就會讓他們失去耐心；為了節省時間，每個業務員都應該意識到，顧客的思考階段並不是在浪費我們的時間，而是在為我們的說服工作提供機會。

二、保持心態平和

不論顧客最後決定是否購買，業務員都不應該為此表露出自己的真實情緒。因為我們把真實的情緒表現在臉上，如果顧客選擇購買還好說，一旦顧客拒絕成交，那麼業務員臉上的沮喪，甚至是憤怒的表情，可能會讓顧客下定決心不再購買。

三、不要急於降價

業務員往往會為了盡快促成交易，而急於降價，甚至在顧客還沒有提出價格異議的時候自己就主動出價了。這樣的行為顧客不但不會因此而感激我們，反而還可能認為我們之前為產品塑造的價值是假的，產品的價格依然存在著下降空間。因此，在成交的緊要關頭，不要主動提出降價。

四、成交後,不要急於離開

成交過後並不意味著業務員可以盡快離開了,也不是說我們可以坐下來和顧客促膝長談了,只是成交之後,我們還需要和顧客承諾一些售後服務的事情,或者囑咐顧客一些使用的方法等,一定要讓顧客對我們的服務感到滿意的時候才能離開。這不是一項多餘的舉動,而是為下次繼續合作贏得機會。

在銷售這個行業當中,銷售業績不理想的往往都是一些缺乏耐心、急於獲得成功的業務員。俗話說,心急喝不了熱咖啡。業務員只有處處保持耐心,不急不躁地進行銷售工作,最後才能贏得顧客的信任,喝到屬於自己的熱咖啡。

第十章
堅持每月一卡 ——
售後是新銷售的開始

第十章 堅持每月一卡—售後是新銷售的開始

售後是銷售的開始

很多業務員認為，銷售在成交那一刻就結束了，從此與顧客各走一方不再來往，而實際上銷售結束的那一刻，往往意味著新的銷售的開始。喬‧吉拉德認為銷售是一個連續的過程，無法確定清晰的終點和起點。銷售活動的某個部分看似結束了，但其實那正是下一個銷售活動的開始。

銷售結束是銷售的開始，這句話也就意味著成交之後，銷售工作依然沒有結束，業務員還要繼續關心顧客，一如既往地為顧客提供良好的服務，既要保住老顧客，又要吸引新的顧客。

而那些信奉「進來，銷售；出去，走向另外一個顧客」這樣銷售的原則的業務員，在銷售完產品之後，就不再理會顧客。當顧客的產品出現故障的時候，他們甚至會躲起來，以此來推脫自己的責任。這看似巧妙地解決了棘手的問題，而事實上這是一種最糟糕的解決方式。

對於喬‧吉拉德來說，他是絕對不會過河拆橋地對待顧客的。在成交之後，他做的第一件事情就是把買車顧客的資訊詳細記錄下來，然後歸檔儲存，方便日後與顧客聯繫。喬‧吉拉德認為，不管自己賣的是什麼車，維修問題和顧客的其他抱怨是一切生意中很正常的事情，如果能夠得到很好的解決，就會為自己帶來更多的好處。

如果哪一天維修部的工作人員告訴喬‧吉拉德，他賣出的汽車出現了故障，顧客已經上門維修了。此時，喬‧吉拉德立刻會找到顧客，安慰對方，並向其保證，一定會把汽車維修到讓他滿意為止。

如果有顧客的汽車在維修之後，非但沒有解決故障，問題反而變得

更加嚴重。那麼喬・吉拉德會代表顧客,向汽車修理人員、經銷商以及廠家據理力爭。對此,喬・吉拉德從來沒有覺得勉強或內心有所不滿,他認為這一切都是他的職責範圍之內的事情。

再說了,每一個汽車業務員都避免不了銷售出次品車,當顧客一次又一次地來維修汽車時,如果當業務員感覺不耐煩的時候,不知道是否設想過這樣的場景:他的一位顧客再向他人談起剛買的汽車時,會不斷抱怨業務員的不負責任,把車銷售給自己就萬事大吉了,汽車壞了都不聞不問,甚至還一臉不耐煩。所以,他發誓以後再也不會和業務員買車,同時也告誡別人小心別上他的當。」

如果業務員做過這樣的設想,那麼就不會認為,顧客來修理汽車是一件惱火的事情了。而對於這樣的場景,喬・吉拉德早就想過。所以,他希望顧客在談起他時,可以這樣說:「喬・吉拉德幫我修的車比新車還棒。」

為了讓顧客的車得到更好的維修,喬・吉拉德會主動和店裡的每一位維修人員維持好關係,不時地為他們帶一份咖啡,或者在他們的妻子生小孩的時候,送上一份禮物。當然,這些費用都需要喬・吉拉德用自己的薪水來支付,但是他認為這些付出是非常有必要的。

果然,喬・吉拉德很快就和那些維修人員打成了一片,平時見面都會友好地互相問候,有時候還會開個玩笑。而這也為喬・吉拉德的售後服務工作省了不少力。假如有一天顧客來修車,這些維修人員得知是喬・吉拉德的顧客時,會在最短時間內將車修好。如果遇到一些疑難問題的時候,他們又會不遺餘力地尋找其他維修高手幫忙,以確保顧客得到應得的服務。

喬・吉拉德這樣用心為顧客做好售後服務不是沒有理由的,他深知作為業務員,首要的目標是得到更多的顧客,而不僅僅是銷售。因為顧客是保證銷售的前提,要想找到更多顧客,留住老顧客是一個重要的途

第十章 堅持每月一卡—售後是新銷售的開始

徑。如果能將現有的顧客發展成老顧客，那麼也就意味著以後的銷售有了穩固的基礎。

而在實際銷售當中，有不少業務員為了尋找新顧客，而忽略了老顧客，不論這種舉動是否出於無心，但不可否認的是，這是得不償失的。一位銷售專家指出，失敗的業務員常常是從找到新顧客以取代老顧客的角度考慮問題的，而成功的業務員則是從保持現有的顧客並且擴充新的顧客的角度上考慮問題的。為此，喬·吉拉德每個月都要寄出1萬張的賀卡，凡是從他手裡購買汽車的顧客都會收到他的賀卡。

由此可見，在喬·吉拉德對待顧客的態度上，是一視同仁的。他不會因為顧客購買的是一輛價格比較昂貴的汽車，就給他多寄幾張賀卡；同樣也不會因為顧客購買的是一輛價格低廉的汽車，而不寄給他賀卡。不論顧客購買的汽車多麼低廉，最後顧客都會在喬·吉拉德那裡得到優質的售後服務，他不會在卡片上註明因為顧客買的是價格低廉的汽車，就不會為他提供任何服務。

透過以上的行為，我們不難找到喬·吉拉德一直在業界保持良好口碑的原因——他始終和顧客站在一起，把售後服務當作是一項長期的投資。他不會把車賣給顧客之後就棄置不管，他會用最周到的服務，讓顧客感覺到買他的車是能夠放心的，因此也一直會惦記他。

「銷售的開始是在成交之後」這種銷售觀念，促使喬·吉拉德一直用心做好售後工作，他做了許多其他業務員不會做的事情。也正是因為他這樣的真誠付出，顧客才向他敞開心扉，甚至成為朋友，這也正是喬·吉拉德獲得成功的原因之一。

定期聯繫顧客才能有情感

怎麼在產品銷售之後，讓顧客無法忘記業務員從而促成下次成交的機會？這是很多業務員都考慮過的問題。答案是，定期與顧客聯繫。

「聯繫」兩個字充滿想像，在任何人際關係中，它傳達的可能是戀人之間的情意綿綿，也可能是朋友之間的彼此傾述，它是一個增進感情的調和劑。不論戀人也好，還是朋友也罷，如果疏於聯繫，那麼雙方關係就是日漸冷淡，直至無話可說，形同陌路，彼此間的那點感情也被消磨殆盡了。

同樣的道理，聯繫也適用於業務員和顧客。而在銷售當中，很多業務員認為，把產品賣給顧客之後，還要定期與之保持聯繫，尤其是詢問產品有沒有出現故障，這簡直就是自找麻煩。所以，他們認為，如果顧客離開後就再也沒有回來過，這才是最好的結果。

可事實確實是這樣嗎？顧客沒有再回來，而業務員又沒有關於對方的任何訊息，那麼就說明，顧客的產品還沒有出現故障。還有一種可能是，顧客也會遺忘我們，所以他們自然也不會為我們介紹任何新的顧客。相比之下，後一種情況所帶來的損失，遠比第一種情況帶來的麻煩多得多。

此時，就顯示出定期與顧客保持聯繫的重要性了。業務員定期與顧客聯繫，就如同朋友或者戀人之間的聯繫，只有表達了自己的問候和關係，才是增進彼此感情的唯一辦法。喬‧吉拉德深諳此理，他從來不會和顧客失去聯繫，即便是買過車就沒有露面的顧客，隔幾個星期之後，他也會給顧客打回訪電話。

第十章 堅持每月一卡—售後是新銷售的開始

喬·吉拉德深知和顧客保持聯繫的好處，首先便於做好成交的善後處理工作，能夠使顧客感受到業務員提供服務的誠意，當產品出現問題時，也比較容易解決；第二就是在激烈的銷售競爭中留住老顧客的同時，透過他們不斷發展新顧客。

通常，喬·吉拉德把打電話的時間放在了白天，這樣他就有機會和顧客的妻子聊幾句。在電話中，他會問對方車子有沒有出現故障，如果對方回答說沒有。他就會說如果出現問題了，儘管到店裡找他，他一定會竭盡全力幫忙。如果得知顧客的汽車剛出現故障，他就會仔細詢問汽車出現故障的表現，並且要求顧客立刻將車拖到店裡維修。

詢問完汽車的情況之後，喬·吉拉德還會詢問對方有沒有朋友有買車的意願，如果對方恰巧說一位朋友想要買車的話，他就會問出那位朋友的電話號碼及家庭住址，並且承諾他會給對方一筆介紹費。在掛電話之前，他還會強調一下介紹費的事情，然後再說再見。

當晚上丈夫回到家裡後，妻子一定會把喬·吉拉德白天時候打過電話的事情告訴她丈夫。這時候，丈夫就會感到非常高興，因為在他看來，喬·吉拉德應該和很多汽車業務員一樣，拿到應該拿到的佣金，就不再主動詢問自己新車的狀況了。而恰恰相反的是，喬·吉拉德一如既往地對待他，這讓顧客吃驚的同時，也讓他明白了喬·吉拉德是一個值得信賴的業務員，再過幾年之後，如果他想要換新車了，一定還會找喬·吉拉德的。

喬·吉拉德的做法就是人們所認為的「銷售精神」。為了使自己成為優秀的業務員，一直保持與顧客的聯繫，取得讓顧客滿意的結果。在與顧客的聯繫上，喬·吉拉德認為必須要有計畫性。首先，要在成交後及時給顧客發出一封感謝信，向顧客確認我們答應的發貨時間，並向他們表示感謝；當貨物發出後，要詢問顧客是否收到了貨物，以及產品是否

能夠正常使用。每個3個月、3個月或12個月向顧客寄一封信，發布最新的產品開發資訊，完成顧客滿意度調查。顧客會很高興業務員的這種做法，因為他們也希望能夠買到越來越好的產品。

此外，要記住每一個顧客的生日，在他們生日那天，寄出一張生日賀卡；同時，還需要建立一份顧客和他所購買產品的清單，這樣在產品價格或用途發生改變時，要及時通知顧客。如果在報紙或是雜誌上面看到有顧客感興趣的資訊，可以隨時寄給顧客。還有一點，看似沒有必要，卻也十分重要的做法，就是在產品保修期滿之前，提醒顧客做最後一次檢查。

在拜訪顧客的時間上，業務員可以根據不同顧客的重要性、問題的特殊性、與顧客的熟悉程度等因素來確定。如果可以的話，可以把顧客分為ABC三類，根據他們的類型來確定拜訪的時間。喬·吉拉德建議每一個業務員，都把對自己最忠實的10名顧客電話號碼，存在電話的單鍵撥號功能內，以便自己在空閒的時候問候一下。這樣做，我們就會時刻提醒自己和他們保持聯繫，了解他們有什麼新的需求，看我們是否能提供進一步的服務。

與顧客聯繫的方式也有很多種可以選擇，喬·吉拉德最常用的就是信函、電話、賀卡，也可以透過走訪或面談等加強與顧客的聯繫；其次，還可以透過售後服務的方式，與顧客加強聯繫；最後，也可以透過邀請顧客參加本企業的一些活動來加強和顧客的聯繫。

在銷售中，維繫一個老顧客比得到一個新顧客付出的代價要小得多，儘管維繫這種關係比較繁瑣，但許多感動正是來源於一些微不足道的事情。所以，作為業務員，要想贏得老顧客的情誼，就要經常與他們保持聯繫。

245

第十章 堅持每月一卡—售後是新銷售的開始

比產品更重要的是服務

相對產品來說，服務是一種看不見摸不到的無形產品，從某種意義上說，業務員的服務做得好壞與否，決定著業務員能否在激烈競爭的銷售行業中長期立足。

業務員可能有這樣的感受，隨著社會的發展，很多顧客除了關注產品本身之外，他們更注重產品帶來的售後服務是否完美。有時候，顧客更願意多花一些錢，去買更優質的服務。就拿取得巨大成功的聯邦快遞公司來說，因為它所保證的跨地區或跨國界的準確、快速投遞，大部分平郵信件能夠在24小時內送達目的地，因此，顧客們都願意付出比一般平郵高出幾十倍的快遞費。由此就可以看出，人們對服務的要求已經高於產品了。

對於喬·吉拉德來說，他也意識到了這個事實，知道良好的服務更能打動顧客，所以他從進入業務行列之後，就一直很注重對顧客的服務。也正是如此，喬·吉拉德才能一次又一次地聽到有人對他說，在來他的店裡之前，已經去過很多家店裡，但最終還是決定來喬·吉拉德這裡，原因就是在別的店裡沒有喬·吉拉德。

每當喬·吉拉德聽到這樣的話時，都認為這是世界上最動聽的讚美。他之所以能夠和顧客進行多次交易，原因就在於此，每一位顧客都對他提供的服務真心的感謝，是喬·吉拉德的優質服務贏得了他們的好感和信任。

銷售的本質就是一種服務，這就要求業務員不斷地提升自己的服務品質，讓顧客對自己的服務品質感到滿意。事實會向我們證明，這樣做是很重要的。喬·吉拉德的一位朋友曾和他分享過這樣的親身體驗：

有一次，喬‧吉拉德的朋友被一家服裝店櫥窗展示的西裝所吸引，便不由自主地走進店裡，業務員熱情地接待了他，最後他購買了一套西裝。從那以後，喬‧吉拉德的朋友每年都會從這家西裝店裡買西裝，儘管他平時很少穿西裝。他之所以這麼做的原因在於，那個在第一次接待他的業務員總是會為他挑選最合適的樣式、最合身的尺碼，那個業務員知道他喜歡什麼樣風格的西裝。

有時喬‧吉拉德的朋友走進西裝店後，業務員會很肯定地告訴他，沒有他喜歡的款式，而事實上確實也是如此。再後來，那位業務員退休了，他再次走進那家西裝店，新的業務員的態度十分冷淡冷淡，雖然他還試穿了一件襯衫。從那以後，他就再也沒有光顧過那家西裝店。

朋友的經歷讓喬‧吉拉德深刻地體會到了服務能夠給業務員帶來的利益，它是和業務員所付出的心血成正比的。正如一份數據調查報告顯示，一些重視服務的公司會收取產品價格的 10% 作為服務費，但是他們的市場佔有量也能每年增加 6%；而那些不注重服務的公司每年要損失兩個百分點。

因此，喬‧吉拉德會把賣給顧客一輛汽車作為只是長期合作關係的開端，在他看來，如果單輛汽車的交易不能帶來以後的多次生意，他會稱自己為失敗者。為了成功，喬‧吉拉德會提供高品質服務，以使顧客一次又一次地回來買他的車。想一想一位顧客一生要買多少輛車吧，他所買的第一輛車，只不過是冰山的一角罷了，他們一生大約要花掉幾十萬美元去購車，如果再加上顧客身後的那 250 個人，這一花銷將達到 7 位數，而這誘人的數字，都要來源於業務員的優質服務。

那麼，業務員應該怎樣提供優質的服務呢？

第一，要充分了解顧客的需求，如果想要為顧客提供長期的服務，就要經常研究他經營、使用產品的方法程度，以及他對產品的需要程

第十章 堅持每月一卡─售後是新銷售的開始

度。在顧客產生了購買動機之後，都會對產品進行仔細的研究，這時候，業務員不要因為顧客的細心而表現出不耐煩，同時要耐心地為顧客講解產品的特點、好處、功能，大部分顧客都會被業務員的耐心感動。

第二，沒有產品是沒有缺陷的，當然產品的品質越好，所需要的服務工作也就越少；但是如果需要服務的話，業務員所提供的服務一定要是最好的。最好在此之前，業務員就事先告訴顧客產品可能出現的狀況，告訴顧客怎樣去避免。這樣可以在展現產品品質的同時，展現業務員的服務周到。

第三，每一個業務員都應該有這樣一個記錄，就是關於顧客什麼時候會再需要購買產品的清單，就如喬‧吉拉德會記下每一個顧客在下次購買汽車的時間。與此同時，最好還記錄下顧客可能會需要到的配件、零件等等，如果業務員能夠把顧客都想不到的情況記錄在內，及時提供服務，會讓顧客萬分感激的。

最後，面對顧客的抱怨，要有心理準備，能夠對顧客進行有效地疏導，如果能夠成功地化解顧客心中的不滿，對方就會更加信任我們。在銷售工作中，「顧客永遠是對的」這樣的觀念不無道理，如果顧客的抱怨是正確的，那麼業務員的據理力爭就是錯誤的。應該做到的是，盡自己所能為顧客解決他們所遇到的問題。況且，有時候抱怨之後，就會轉化為友誼，沒有顧客會忘記一個熱心幫助他的業務員。

如果我們以顧客的角度來說，我們也願意和固定的業務員打交道，只要那個業務員能夠一直提供我們滿意的服務。因此，每個業務員都要盡心盡力地為自己的顧客服務，不管是在銷售過程中，還是在銷售以後，服務都能夠成為顧客選擇我們的最好理由。

寫封信給顧客

有一位網購達人曾分享過這樣一次網購經歷：他在網路上購買了一件衣服，沒幾天快遞便將衣服送上門。他開始像往常一樣開始拆包裝，結果除了衣服之外，還收到一封來自賣家的信。信裡首先對他的購買表示了感謝，然後又保證，以後一定會努力為他提供更好的服務。

儘管感謝信是列印出來的，而且內容篇幅也不長，但對於這位購物達人來說，他感到很意外。因為自從在網上購物以來，他幾乎沒有收到過來自賣家的感謝信。這讓他內心感到溫暖的同時，也被賣家的誠懇所打動，下次上網購物的時候，總會去這家網店逛逛。

這個真實故事能帶給業務員的啟發是，業務員要想讓顧客記住自己，在下一次消費的時候可以想到自己，就需要我們制定一項計畫，保持和顧客的聯繫，這項計畫就是寫信。

對於喬‧吉拉德來說，他每個月都要給他所有的顧客寄出一封信。同時，他還會隨信附上一張小卡片，卡片上一律寫著「我愛你」，在卡片的裡面，他會隨時變化不同的內容，比如1月份，他會寫上「新年快樂」，2月份他會寫上「情人節快樂」，3月份他就會寫上「聖巴特利克節快樂」……一直持續到感恩節和耶誕節。

每年喬‧吉拉德都會以這種方式，使他的名字在顧客家出現12次，在他銷售的後期，他已經平均每個月要寄出14000張卡片了。誰也不能準確說出一張小小的卡片能在顧客那裡造成什麼作用，但是有一點值得肯定的是，收到信件的人，最後多數都會成為喬‧吉拉德的忠誠顧客。

喬‧吉拉德透過這種方式，告訴了他的每一個顧客，他很喜歡他們，

第十章 堅持每月一卡—售後是新銷售的開始

試問，有誰不願意和喜歡自己的人繼續交往下去呢？所以，在喬·吉拉德的所有生意裡面，有65%來自那些老顧客的再次合作。從中造成關鍵作用的就是這些毫不起眼的信件。

但是有一點需要明確的就是，不是僅僅寫了信，就可以留住老顧客，給顧客寫信不是銷售工作的目的，目的是讓顧客看我們的信。對於寫作能力較強的業務員來說，寫信並不是一件難事，難的是怎樣才能讓顧客看到我們寫的信。

對此，喬·吉拉德有他的訣竅。首先，在外觀上就要吸引顧客。為了不讓自己的信件和一些普通的廣告宣傳單混為一談，他每次都會使用不同的信封，有大有小，顏色也不盡相同，這樣就會大大地引起顧客的閱讀興趣。

同時，他不會把公司的名字直接寫在信封上，這樣顧客就會好奇是誰寄來的信，那種感覺就好像在打牌時，不知道底牌的感覺一樣，會引起顧客的好奇心，從而就能保證自己的信件不會被顧客丟到垃圾桶裡。最後當顧客拆開了喬·吉拉德的信，也不會有上當受騙的感覺，他會在信中以一種親切的口吻勸誘銷售，這是一種軟銷售，顧客不會有排斥感，並且會談論和記住它。

其次，在寄信的時間上，喬·吉拉德不會選擇每個月1號和15號的時候寄信，因為那時候正值電信或是銀行寄帳單的時候，避開這個時間，就不會讓自己的信件淹沒在一堆帳單中，就算是顧客看見了，他也會忙於計算各種支出，而忘記了看我們的信。基於這一點，業務員可以借鑑喬·吉拉德的經驗，然後再根據自己所在地區的顧客生活習慣，自由選擇。

通常情況下，能夠考慮到這兩點，就能夠保證顧客會拆開我們的信，並且閱讀。想一想每個人下班以後回家的第一件事情是什麼？他會先和自己的妻子（丈夫）還有孩子打過招呼，然後就會問道，他不在家的

時候，有沒有什麼人找過他，或是有沒有他的信件等。這個時候，也許孩子就會舉著我們寫給他的信，告訴他：「爸爸，我們又收到來自××叔叔（阿姨）的信件了。」

當他拆開信後，就會看見我們親切的問候和以及關於一些新產品的情況，之後，他就會把信上的內容告訴他正在做飯的妻子，同時也會被正在看卡通片的孩子聽到，他們也會參與到討論新產品的行列中來。就這樣一封信，卻引起了全家人的注意，這樣的業務員，還會被輕易的忘記嗎？

當然，顧客也是理智的，他們不會為了一封信就跑到店裡買我們幾千乃至幾萬元的產品，就算是幾百塊錢，他們也會慎重對待。如果因為這樣，業務員就再寫過一兩封後不再繼續，那麼就真的無法吸引來顧客了。這是一項長期的計畫，需要慢慢地滲透到顧客的生活中，當顧客把收到我們的信當成一種習慣的時候，他們就會想著從我們這裡買點什麼了。

當然，對於當今社會來說，寫信似乎早已經是很久的事情了，但越是如此，越能展現出寫信的可貴。試想，當顧客收到我們一封字跡工整的感謝信時會有怎樣的感受？自然是驚喜交加。

不過話又說回來，因為銷售行業的不同，很多業務員沒有條件像文中那位網店店主一樣，利用為顧客郵寄衣服的時候捎帶一封信。這時，業務員不妨選擇折衷，可以透過簡訊、郵件等方式給顧客寫信。

需要注意的是，給顧客發簡訊或者寫郵件，業務員必須針對與顧客成交的情況，寫得情真意切，切忌千篇一律，如果是這樣還不如不發。因為我們的情感不誠懇，是無法打動顧客的。

其實說到底，不論親手寫信，還是發簡訊，都不過是形式問題，最重要的還是業務員在內容方面是否真的出於情真意切，這才是最重要的。

第十章 堅持每月一卡—售後是新銷售的開始

長期服務顧客，阻斷競爭者

對於業務員來說，我們都希望將每一位顧客發展成自己的終身顧客，這樣既收穫了顧客的友誼，也能保證自己衣食無憂。但要想做到這一點，不是採取一次重大行動就可以做到的，需要業務員為顧客進行長期服務。

正如喬·吉拉德所說：「不斷地用服務對顧客進行疲勞轟炸，競爭者就無可乘之機。一次兩次的大行動無法贏得終身顧客，只有永不懈怠地服務顧客，才能建立長久關係。如果你這麼做，你就會被顧客視為可信賴的人，因為你永遠隨叫隨到。」

服務顧客，說起來容易，可做起來就不簡單了，這就需要業務員長期堅持。只要能夠長期堅持一項細小的服務，那麼終有一天會金石為開，成功打動顧客。喬·吉拉德曾在一家大型超市就看到過這樣的業務員。

那天，喬·吉拉德看見一位業務員正在不厭其煩地做定期清查存貨的工作，只見他仔細地檢視食品區的每一個貨架，以確定公司的產品是否已經賣完或短缺。喬·吉拉德被他那股認真的勁感染了，於是走上前去做自我介紹，然後便和那位業務員聊了起來。當喬·吉拉德稱讚他工作細心認真時，那位業務員告訴喬·吉拉德，有一次他為了給顧客送40美元的油炸薯條，驅車走了整整20英哩。

這樣的做法讓喬·吉拉德很不解，因為這麼小的訂單對於業務員來說，基本上等於白乾，幾乎沒有利潤可言。而結果確實也是這樣，那位業務員非但沒有賺到錢，還得自掏腰包給汽車加油。這也是公司要求他

們必須提供的服務,而這位業務員也認為,只要產品擺上了貨架,他就希望永遠留在上面。因此,即便是很小的訂單,他也會盡力保證自己的服務讓顧客滿意。

為了弄清楚這位業務員所付出的是否和收穫成正比,喬‧吉拉德回到家後,第一件事情就是做了一次小小的調查。他發現那位業務員所在公司的油炸薯條和椒鹽卷餅這兩種產品占了整個市場的份額的70%。為此,喬‧吉拉德還特意買了他們的公司油炸薯條和別的公司的油炸薯條做比較,他發現在味道上二者並沒有什麼區別。那麼,他們公司能夠占領市場70%份額的原因只有一個,那就是業務員的服務,而且是永久性的優質服務。

每一個頂尖的業務員都有一種堅定不移的、日復一日的服務熱情,而且不管是從事什麼職業,能夠擁有這種熱情的人,一定是他所在職業中的佼佼者。當我們用長期優質的服務將顧客團團包圍時,就等於把我們的競爭對手阻斷在門外。

而這也是第一次購買喬‧吉拉德汽車的顧客,以後只要有需求還會繼續向他購買汽車的原因之一,就是因為喬‧吉拉德的服務使他們無法拒絕。曾有顧客開玩笑說:「如果你買了喬‧吉拉德的汽車,那麼你只有出國才可以擺脫他。」

顧客的高度評價,印證了喬‧吉拉德確實把服務做到了無懈可擊。而服務對於喬‧吉拉德來說,就是一項責任和義務,是每一個業務員都應該積極去做的事情。對於業務員來說,無論我們銷售的是什麼產品,優質服務都是贏得永久顧客的重要因素。

業務員的工作並不是簡單地從一樁交易到另一樁交易,把我們所有的精力都用來發展新的顧客,而是我們必須花時間維護好與現有顧客來之不易的關係,把為他們服務看作是自己的榮幸。

第十章 堅持每月一卡—售後是新銷售的開始

　　作為業務員，不要只從「我能獲得多少利益」 的角度上出發，要知道，越是以這樣的心態去工作，越難以取得成功。只有擺正心態，認識到為顧客提供長久、優質服務的重要性，並堅持去做，那麼到時候，我們就會發現，優厚的佣金也會附帶而來的。

第十一章
實施獵犬計畫──
讓顧客幫助你尋找顧客

第十一章 實施獵犬計畫—讓顧客幫助你尋找顧客

獵犬計畫,讓顧客自然心動

所謂「獵犬行動」就是業務員在老顧客的幫助下,不斷發展新顧客。喬·吉拉德認為,銷售這個行業是離不開別人的幫助,他的很多生意就是在一些老顧客的幫助下完成的。喬·吉拉德稱這些幫助自己介紹新的顧客的老顧客為「獵犬」。

每次成功交易之後,喬·吉拉德都不會立刻放顧客離開,他會把一疊名片和獵犬計畫的說明書交給顧客。說明書告訴顧客,如果他介紹別人來買車,成交之後,每輛車他會得到25美元的酬勞。幾天之後,喬會寄給顧客感謝卡和一疊名片,以後至少每年他會收到喬的一封附有獵犬計畫的信件,提醒對方他的承諾仍然有效。

要知道,在那個時代,25美元已經是一筆不小的錢。所以,很多顧客收到喬·吉拉德「獵犬」計畫書,多數都會心動,自願成為他的「獵犬」。

當然,喬·吉拉德在剛施行這個獵犬計畫也並不是那麼順利,也會遇到一些意外情況,因為不是所有顧客都會心動,自願參與他的計畫當中。比如,一位購買汽車的顧客,是一位收入很高的管理者,對於喬·吉拉德區區25美元的酬勞,他根本不會放在心上。所以,他寧可不賺這點酬勞,也不願意大費口舌地說服周圍的人,從喬·吉拉德手裡買車。

遇到這種情況確實挺讓人為難,確實,對於一個收入頗豐的管理者來說,僅僅想透過一點佣金來打動對方,顯然不是一件容易的事情。可是喬·吉拉德並沒有放棄,如果這位管理者不接受他的獵犬計畫,他會從這個階層中繼續尋找下一個願意接受計畫的顧客。喬·吉拉德深知,這個階層裡的顧客,多數都擁有廣泛的人脈。如果能打動其中一位,那麼他所發揮出的作用,將會是普通獵犬的數倍。

很多人認為，喬‧吉拉德所謂的獵犬計畫太過功利，只把酬勞付給那些能為自己帶來新顧客並達成交易的老顧客。其實不然，如果僅僅這樣，喬‧吉拉德也很難成為世界級的銷售大師。他深知如果太過急功近利，是無法留住顧客並將其發展成自己的獵犬。所以，從一開始，他就開始用自己的真誠打動顧客。每逢某個節日，喬‧吉拉德都會給顧客郵寄信函和小禮品，以表達自己的問候和感激之情。

而他給寄信那些顧客的名單，是他從進入銷售行業以來，一直累積的潛在顧客的名單。這既是一個漫長累積的過程，而且要想讓這些潛在顧客變成實際購買者，還需要付出金錢，以維持與他們的關係。

常年堅持給顧客寫信或者寄禮物，使得喬‧吉拉德成功俘獲了顧客的心。每一位顧客都很感動，認為喬‧吉拉德雖然帶有銷售目的與自己聯繫，但他的關心和問候卻是真誠的。所以，一旦有需求，他們會第一個想到喬‧吉拉德，而且也心甘情願地加入他的獵犬計畫。

要想得到什麼，必須先付出代價，這也是喬‧吉拉德與顧客保持良好關係的方式之一。作為業務員，我們不能一味想著從顧客身上獲取利益，要知道，利益是相互的，只有業務員懂得先付出成本，最後才能得到數倍的回報。

所以，喬‧吉拉德認為給顧客寫信和寄小禮物等形式是一種明智的投資。雖然在獲得實際利益之前，要先墊付信函和購買禮物的費用。但是，正如喬‧吉拉德所說，正是透過這些信件和禮物，他除了獲得了顧客的信任之外，還獲取了其他的收益：一旦贏得了顧客的信任，那麼他就會免費向周圍的人推薦喬‧吉拉德，這種口碑效應往往會取得良好的效果。

當然，除了寫信和寄送禮物，喬‧吉拉德的獵犬計畫之所以能夠成功，還有一個非常重要的原因，就是在實施獵犬計畫的過程中，一定要做到信守承諾。喬‧吉拉德始終堅持這樣一個原則，即寧可錯付 100 位

第十一章 實施獵犬計畫—讓顧客幫助你尋找顧客

顧客,也不能漏掉任何一個該支付的顧客。

他內心非常清楚,在很多情況下,有的顧客貪圖 25 美元的酬勞,隨便介紹一些顧客過來,不論最後是否成交,他都會向喬·吉拉德索要酬勞。喬·吉拉德依然照付不誤,在他看來,只要信守承諾,在實行獵犬計畫前期,經濟上雖然會受到一些損失。但隨著時間的推移,「獵犬」的品質會越來越高。

果不其然,在喬·吉拉德的努力下,贏得了越來越多老顧客的信任,這些老顧客又源源不斷地為他帶來了更多新的顧客。發展到後來,就像滾雪球一般,有越來越多的顧客加入了他的獵犬計畫當中。

到 1976 年的時候,獵犬計畫為喬·吉拉德帶來了額外的 150 筆交易,約占他全年總交易額的 1/3。而在這個過程中,他付給所有獵犬的報酬僅僅是 1400 美元,自己卻多了 75000 美元的薪資。

透過喬·吉拉德的付出和收入,我們不難看出,獵犬計畫對於業務員的重要性。作為業務員的我們,不妨從現在開始也發展屬於自己的獵犬,只要能夠信守承諾、長期堅持,終有一天會贏得顧客良好的口碑,從而獲得巨大成功。

讓獵犬計畫從身邊開始

　　作為業務員，我們已經知道，喬‧吉拉德的獵犬計畫確實能發揮重大作用，能為我們帶來良好的銷售業績。可是，如果僅僅透過一些老顧客來發展新顧客，有時候未必能及時找到一些優質的獵犬。要知道，業務員必須將獵犬發展到數量龐大的規模，才能保證持續不斷地交易。

　　面對這種情況，就需要業務員走出去，去外面尋找獵犬。在喬‧吉拉德看來，理髮師就是一個值得開發的最佳獵犬群體。和銷售行業不同的是，理髮師不需要自己開發顧客，顧客如果有理髮的需求，都會自己找上門來。對於理髮師來說，他們每天需要和形形色色的顧客打交道，如果把理髮師發展為獵犬，那麼他背後的龐大顧客群體，也就能為業務員所利用了。

　　因此，喬‧吉拉德每次理髮的時候，都會到光顧不同的理髮店。在理髮的過程中，他會主動和理髮師聊天，然後找個合適的機會，介紹自己的職業，並向對方說明獵犬計畫，希望打動對方加入自己的獵犬計畫。

　　為了能夠成功將理髮師發展成為自己的獵犬，喬‧吉拉德還特意訂做了一批小標牌，其實就是一個簡單的卡片配上了一個小框架。卡片上寫著：歡迎向我諮詢本地最低的汽車銷售價格。

　　每次理髮的時候，他都會送給理髮師這樣一個小標牌，然後解釋付給獵犬 25 美元的辦法，並留下一疊名片。採用這樣的方式，當有顧客來理髮的時候，看到那塊小標牌之後，都會主動詢問。此時，理髮師就可以與顧客進行交流，如果得知顧客有購買汽車的需求，理髮師就會把喬‧吉拉德推薦給他。當這個顧客離開後，十有八九會去喬‧吉拉德的店裡看看。

第十一章 實施獵犬計畫—讓顧客幫助你尋找顧客

只要有顧客主動找來,那麼就增加了成交的機率。就是透過這樣的方式,喬·吉拉德幾乎把所在城市內所有的理髮師,都發展成了自己的獵犬。而對於理髮師來說,也十分樂意和喬·吉拉德合作,因為他只需要在與理髮的顧客閒聊的過程中,順便向顧客推薦喬·吉拉德,就能賺到 25 美元酬勞,輕鬆又愉快,他何樂而不為呢?

除了理髮師,喬·吉拉德還會發展一些擁有豐富人脈資源的顧客成為自己的獵犬。面對不同的人,喬·吉拉德會用不同的方式說服對方加入獵犬計畫當中。比如,他不會把小標牌發給所有人,因為在彼此第一次見面的情況下,難免會有一些提防情緒,如果這時試圖將小標牌發給對方,可能會引起對方反感。

喬·吉拉德曾在演講中分享過這樣一個例子:在他工作的城市裡,有一家規模巨大的製藥公司。這家公司裡面有好幾位醫生都是喬·吉拉德的獵犬。而且,這些醫生能為喬·吉拉德提供新顧客的數量,是其他獵犬的幾倍。

這是因為這些醫生不僅社會地位較高,而且收入也不菲,每個人至少擁有兩部汽車,他們的交際圈也比較廣泛,經常外出出差或者與其他醫院的醫生進行交流學習。這樣把握住一個醫生,並透過醫生利用自己的交際圈不斷衍生拓展,喬·吉拉德最後就等於擁有了整個醫藥行業的龐大人際關係。

同時,喬·吉拉德還有一個有趣的發現,就是這些醫生雖然擁有不少財富,但他們幾乎都不滿足現狀,希望能夠賺到更多的錢。因此,他們會利用一切機會向別人推薦喬·吉拉德,以得到相應的報酬。

很多業務員看到這裡,不禁會產生這樣一個疑問:像理髮師這類介紹人尋找起來容易一些,可是像醫生這類優質介紹人又該如何尋找呢?關於這一點,喬·吉拉德也毫無保留地分享了出來。他的一個重要做法

就是，想辦法認識一些有資格提供汽車貸款的機構裡面的員工。

這些工作人員與他所從事的汽車銷售息息相關，假如一位顧客想購買汽車卻無法取得貸款時。此時，貸款機構的員工，如果將這位顧客介紹給喬‧吉拉德，由他替顧客解決貸款的問題，從而促成這筆交易的同時，貸款機構的工作人員也可以拿到 25 美元的酬勞。

對於業務員來說，發展自己的「獵犬」的時候，要根據不同職業、不同階層的人，採用不同的發展方式。當然，在這個過程中，需要業務員不斷地摸索、嘗試，最後才能將身邊所有的人發展成自己的介紹人。

第十一章 實施獵犬計畫—讓顧客幫助你尋找顧客

尋找「獵犬」要用心

現實中，我們常常聽到有人抱怨說，因工作沒做好經常遭到上司的批評。經常這樣抱怨的人，往往會把做不好工作的原因推到外界，比如工作難度大、顧客要求高、工作太過瑣碎。

總之，不論找什麼樣的理由，他們都不會從自身上找原因。其實很多時候，工作做不好，只是不夠用心罷了。不論什麼工作，只要不用心，我們永遠只能拿著最低的薪水，這是非常公平的。

就拿銷售這個行業來說，很多人認為這份工作薪水少，工作壓力又大，簡直就不是人家的工作。可有句老話說「一流人才做業務」，可見並不是這份工作有多麼不堪，只要用心去做，我們都可以成為銷售中的一流人才。

對於喬・吉拉德來說，他所從事的就是很多人不屑的銷售工作，可他最後卻成為了世界上最成功的業務員。他取得成功的原因並不是他本人的天賦或者運氣，而是歸結於他對銷售這份工作的用心。一個人一旦對工作用心，那麼他自然會不斷做出創新。

尤其是在獵犬計畫的實施過程中，就能夠充分展現出喬・吉拉德的用心。在多年的銷售生涯中，喬・吉拉德累積了在貸款機構、銀行或者財務公司工作的人，他會透過這些人拿到一些有資格發放汽車貸款的人員的名單，或者從買車的顧客手中的批件或者支票上弄到這些人的名字和聯繫方式。

每次賣出一輛汽車之後，喬・吉拉德都會給這些貸款機構的員工打電話，告訴對方賣出一輛什麼樣的車，表示能和他以及他所工作的機構

之間進行合作而感到愉悅等，並邀請對方出來一起吃個便飯。不論對方在哪裡上班，他都會說他剛好要去他們公司附近辦事，然後順理成章地邀請對方一起吃飯。

很多業務員認為，對顧客說盡了好聽的話，已經是銷售極限了，為什麼還要自討腰包去請一個陌生人吃飯了，況且誰能保證他們能為我們帶來新顧客呢？但喬‧吉拉德卻不這麼認為，在他看來，就算這頓飯花費了50美元也沒關係，他會當成這是一筆投資。倘若因為這頓午飯，使得自己多銷售了一輛汽車，那麼最後算下來，自己就會賺到一筆不小的錢，而這頓飯不過是所賺到錢裡的一個零頭罷了。

當與對方在飯店見面之後，喬‧吉拉德會直截了當地向其介紹自己的獵犬計畫，並再三叮囑對方，只要能幫他賣出一輛汽車，就可以得到25美元酬勞。所有這一切，只需要成交的顧客拿著一張有這些人親筆簽名的喬‧吉拉德名片而已。或者是採取電話直接聯繫的方式告訴喬‧吉拉德自己介紹了一個人過去買車。

為了成功說服這些人成為自己的獵犬，喬‧吉拉德還會告訴對方自己的銷售業績，以證明他有能力為顧客提供這筆酬勞。甚至，他還會告訴這些人，自己所銷售的汽車，絕對要比其他業務員的價格便宜，這樣一來，就是使其他試圖發展這些人的業務員失去競爭力。

當這些貸款機構的員工終於相信喬‧吉拉德，並願意加入他的獵犬計畫之後，一旦有機會，他們就會幫喬‧吉拉德介紹顧客。比如，當一位顧客拿著從某個汽車店的訂單來貸款機構辦理貸款手續的時候，貸款機構的員工就會看看整車的價格，之後找些藉口暫時離開，卻在另一個空房間給喬‧吉拉德打電話，將申請貸款顧客要買的是什麼型號的汽車、需要哪些附帶的配備、總價是多少等情況告訴他。

得到這些情況之後，喬‧吉拉德馬上就會計算自己銷售同樣的一輛

第十一章 實施獵犬計畫—讓顧客幫助你尋找顧客

車時的價格，如果自己能給出更低的價格，他就會讓貸款機構的工作人員告訴顧客，他這裡有一輛和顧客要買的相同型號的汽車，而且價格要便宜 50 美元。

對於顧客來說，50 美元已經有足夠大的吸引力，讓他去喬·吉拉德的店裡看看。喬·吉拉德為什麼將差價定在 50 美元？這是因為如果差價太低的話，是無法吸引顧客的，顧客很可能在其他店裡付了 20 美元的定金。所以，一旦顧客聽說有 50 美元的差價，他寧可捨棄那 20 美元的定金，也要去喬·吉拉德店裡買車。更重要的是，貸款機構的員工也能從中賺取 25 美元酬勞。所以，在與顧客的交談中，貸款機構的員工會有意無意地誇讚喬·吉拉德是一個值得信賴的業務員。

看到這裡，很多人可能會產生這樣一個疑問，如果顧客真的為了 50 美元差價來喬·吉拉德店裡購買汽車，喬·吉拉德真的能夠為顧客提供他需要的一模一樣的汽車嗎？對於這個問題，喬·吉拉德通常會說：「既然我努力讓顧客來到這裡，難道我會輕易放他們走嗎？」這個反問既然回應了那些提出疑問的人，又表現出他強大的自信心——即使我手裡沒有現成的汽車，也會想盡一切辦法弄到顧客需要的汽車。

所以，當與貸款機構的員工結束通話之後，他馬上會檢視庫存，看是否有顧客需要的車。如果運氣好的話，剛好有一輛汽車符合顧客所有的要求。反之，如果沒有這樣的話，喬·吉拉德也不會慌張，因為他與其他汽車店有過互相幫助的協定，所以他會去其他店裡尋找一輛符合顧客要求的汽車。

這樣一來，當顧客真正來到喬·吉拉德的店裡後，果然有一輛符合他要求的汽車，同時也印證了那位貸款機構員工所言不虛，這輛汽車確實比其他汽車店要便宜 50 美元。就這樣，顧客就會愉快地選擇和喬·吉拉德成交。

喬‧吉拉德在貸款機構員工的介紹下，順利成交了一筆生意。手段雖然高明，令人不得不嘆服，但同時，我們不難發現，他的這種行為簡直就是從其他業務員那裡搶顧客。雖然是「搶」，但這又不同於惡意競爭，喬‧吉拉德只是透過壓低汽車的價格來爭取顧客，這也沒有什麼不妥。

再說了，銷售行業歷來如此，要想在激烈的競爭中脫穎而出，就需要業務員開動腦筋，想盡一切辦法來爭取顧客。喬‧吉拉德之所以能夠促成這筆交易，在於他尋找到了優質的介紹人。可見，尋找「獵犬」並不是一件簡單的事情，需要業務員用心且要有耐心。喬‧吉拉德不論在工作中還是生活中，隨時隨地都在尋找合適的獵犬。

比如，在加油站給汽車加油的時候，喬‧吉拉德會和加油站的員工聊天，尤其針對那些承包修車業務的員工，他會利用大量時間和這些人進行交談。為什麼呢？其實我們仔細一想，就能想到喬‧吉拉德的用心，因為這些有修理汽車業務的員工，在維修汽車的時候，經常會看到大量快要報廢的汽車。

當一位顧客來修理汽車的時候，卻得知汽車需要大修，維修價格是 500 美元。一般情況下，顧客會打消修理的念頭，計畫購買一輛新車。此時，如果顧客表示暫時不想修理的話，修理工只需要說幾句話，就能給喬‧吉拉德介紹來新的顧客。

即使顧客最後沒有拿著修理工給他的名片來找喬‧吉拉德，修理工也沒有什麼損失，畢竟顧客已經放棄了對車輛的維修。如果顧客真的去找喬‧吉拉德買車，那麼修理工僅僅說了幾句話，就得到了喬‧吉拉德 25 美元的報酬，這筆錢是他靠其他任何方式都賺不到的。

除了將汽車加油站的員工發展為自己的獵犬，喬‧吉拉德認為，尋找優質獵犬還有兩個好去處，這就是拖車行和汽車保養廠。這兩個地方

第十一章 實施獵犬計畫—讓顧客幫助你尋找顧客

很多員工也是喬·吉拉德獵犬計畫的成員。這些員工因為經常能接觸一些出現重大事故、且無法修復的汽車。這些車主除了可以得到保險公司一大筆賠償之外，肯定會購買新車。此外，喬·吉拉德還會把保險公司從事故障理賠的員工發展成為自己的獵犬。

　　縱觀喬·吉拉德實施獵犬計畫的過程，我們不難發現，他一步步地將觸角延伸到關於汽車的各個行業，從而使自己的獵犬成員不斷得到擴充，保證了自己的銷售業績。所以，作為業務員的我們，不妨效仿喬·吉拉德的做法，開始用心發展屬於自己的獵犬，到那時候，我們就會發現，銷售是一份具有成就感且收入頗豐的工作。

開發老客戶這座金礦

很多業務員認為，已經購買過產品的顧客已經不重要了，因為等他們下次購買不知道要等到什麼時候，所以多數業務員都會忽略掉老顧客，投入到新顧客的開發當中。

其實，業務員的這種做法是得不償失的，如果我們能與老顧客保持良好的關係，即使他們暫時沒有購買的意願，他們也會充當獵犬的角色，把身邊的人介紹給我們。所以，對業務員而言，最好的顧客就是老顧客。業務員想要擁有更多的新顧客，首先就要做到維繫好老顧客。據調查顯示，一個老顧客帶給業務員的好處可以歸納為以下3點：

1. 在業務員銷售業績中，90%的銷售業績來自於10%的顧客。多次光臨的顧客比初次登門的人可為業務員帶來20%~85%的利潤；

2. 維繫老關係比建立新關係更容易。搜尋一個新顧客所要的時間和費用是保持現有顧客的7倍，對一個新顧客進行銷售所需要的費用，遠遠高於一般性顧客服務的相對低廉的費用。因此，老顧客可以節省銷售的費用和時間，是降低銷售成本的最好辦法。

3. 只要有老顧客的存在，就會有源源不斷的新顧客。按照喬‧吉拉德250定律，我們每失去一個老顧客，就等於失去了他身後的250名潛在顧客。如果我們不能做到持續關心老顧客，老顧客就可能被競爭對手搶去，這對我們造成的損失是巨大的。

尤其在當下的銷售環境來說，重新發展一位新顧客所付出的成本，遠遠要高於維繫老顧客所需的成本。所以，與其盲目地發展新顧客，還不如用心維繫好老顧客來的划算。

第十一章 實施獵犬計畫─讓顧客幫助你尋找顧客

對於喬‧吉拉德來說，在他多年的銷售生涯中，一共賣掉十幾萬輛汽車，他已經無法計算出購買汽車的顧客當中，究竟有多少是老顧客。因為他的生意多是老顧客促成的，所以他意識到了老顧客的重要性。為此，他特意把每一位顧客的資訊都記錄在檔案裡，每當這其中一位顧客再次來購買汽車的話，他就會把顧客購買汽車的時間記錄在檔案上。每隔一段時間，他都會打電話給這些顧客，向他們問好。

這花去喬‧吉拉德不少的時間和費用，但是他認為這是值得的。正如日本松下電器創始人松下幸之助所說：「好好留住一位客戶，可就此增加許多顧客。失去顧客，即喪失許多生意上的新機會。」因此，業務員要經常和老顧客聯繫，關心他們的動態，不要等到需要他們的時候，才想到和他們搞好關係，那時已經為時已晚。

與老顧客經常保持聯繫，不僅僅是為了表示出業務員對他們的關心，同時也是為了確認對方對我們的態度是否還是像原來那麼熱情了；如果稍有冷淡，就說明顧客可能沒有繼續購買我們產品的意願，這是一個危險的訊號，業務員要加以注意。

通常情況下，如果顧客突然減少訂貨或是終止訂貨，業務員一定要問清緣由。如果對方不願意說出原因，或是有所隱瞞，就說明他們很可能被競爭對手搶走了。如果業務員進一步詢問關於競爭對手的情況，顧客如果坦誠相告，那麼就證明對方依然忠於業務員的。而顧客之所以閃爍其辭，就說明他的決心已經開始動搖了。

如果顧客不再像以前一樣需要業務員提供大量的幫助，這就說明業務員與顧客的關係開始冷淡。業務員可以此當作老顧客發出的危機訊號，一定是我們某些地方沒有做到，從而引起老顧客的不滿，所以他們才會選擇疏遠我們。面對這種情況，業務員可以用以下方法來解決。

首先，業務員不要慌張，冷靜地查清具體的原因。多數情況下，我

們可以透過顧客了解到，對方不願意和我們繼續合作的原因；如果顧客不願意說，我們就需要透過其他的管道進行了解。

通常情況下，顧客不願意與業務員繼續合作的原因有：業務員的產品失去競爭力，比如價格方面可能要高於競爭對手；另一種情況是顧客的經濟條件出現了問題，希望透過這種方式獲得一些優惠。

當業務員得知顧客冷淡我們的原因之後，就可以對症下藥了，解決問題了。很明顯的是，之前與顧客合作的方案已經不能夠繼續應用了，業務員只能根據顧客的需求，另行制定一套合作方案，從而促使對方與我們繼續合作。同時，業務員還要動之以情，曉之以理，多提一些與顧客之間以往的友好感情，希望顧客能夠看在過去良好的友誼上，繼續和我們合作。

總之，為了能夠留住老顧客，業務員與其在危機爆發後力挽狂瀾，還不如在一開始就想辦法留住顧客，從而避免將來危機的爆發。因此，業務員可以借鑑以下幾個留住老顧客的辦法：

一、對於第一次成交的顧客，要在第二天寄一封感謝信給對方，感謝對方購買我們的產品；

二、記住顧客的生日，在每年他過生日的時候寄上一張賀卡，相信顧客會很感激我們為他做的這一切。同時，這樣也能保障我們和顧客至少每年聯繫一次。

三、熟悉顧客的家庭住址或是公司住址，並且畫出線路圖，使每一個顧客的住址都能在線上地圖上顯現出來，然後就根據這張圖，在去拜訪顧客的時候，順道拜訪一下那些不經常購買產品的顧客；

四、如果顧客不經常購買，業務員可以進行季節性的訪問。

總之，業務員要想不斷提升自己的銷售業績，首先就要贏得老顧客的信任和支持，讓他們成為我們真正的衣食父母，從而為自己贏得更多成功的機會。

第十一章 實施獵犬計畫—讓顧客幫助你尋找顧客

把老顧客發展為「獵犬」

　　作為業務員的我們，都希望自己能夠擁有越來越多的顧客，因為這意味著自己的業務量會越來越多，賺取的佣金也會水漲船高。要想做到這點，就需要業務員為自己建立一個穩定的顧客網路。

　　然而，很多業務員完成一筆生意後，很快就把老顧客忘得一乾二淨，沒有及時與他們建立感情，自然顧客也不會幫助我們介紹其他人來。但對於喬·吉拉德來說，每隔一段時間，他都會給買過汽車的顧客打回訪電話，一方面詢問對方汽車的使用情況，另一方面他會詢問顧客身邊有沒有朋友或者親戚需要購買汽車。如果對方說有的話，他就會想辦法把那個人的電話、住址問清楚，並且立刻在記事本上記下來。

　　不管是面談中，或是打電話的時候，包括在信件中，讓現有的顧客幫助介紹客戶已經成為了喬·吉拉德的習慣性動作。他知道，業務員個人的力量畢竟是有限的，如果想要擁有更多的顧客，他就只能運用250法則，透過一位顧客去發展對方背後的250個人。這樣的方法，比起我們只依靠自己的力量去認識顧客，會更加省力而且更加有效。顧客的介紹不僅讓我們多了一個助手，而且由他們去說服新的顧客，也比我們有說服力。

　　喬·吉拉德對這一點深信不疑，他曾說只要是買過他汽車的人都會幫助他銷售。每一個買他汽車的人肯定有不少有買車願望的朋友或者親戚。經過他們介紹新顧客省心又省力，並且喬·吉拉德也會付給對方25美元的介紹費，這樣就能形成一個良好的合作關係，可謂是雙贏之舉。

　　此外，如果我們的顧客當中有「來頭」比較大的顧客，那麼業務員就

要用心對待了。往往「來頭」比較大的顧客都比較有影響力，如果我們能讓這樣的人物幫助我們介紹顧客，就能夠達到事半功倍的效果，喬・吉拉德稱這種方法為「中心開花法」。

使用這種方法，業務員就可以集中精力向極少數中心人物做細緻的說服工作，而不必反覆向每一位顧客說服，在一定程度上節省了業務員的時間和精力。同時，中心人物往往也是「領袖」人物，經過他推薦的產品，大家也容易信服。

但是這種方法也存在著一定的缺點，很多中心人物都是自主性比較強的，在做說服工作上就會有一定的難度。同時，中心人物是不容易接觸到的，需要業務員付出很多時間和精力去發現和發展的。如果業務員想要運用這種方法，關鍵在於要取得中心人物的信任和合作。與此同時，業務員也不要忽略了運用其他顧客來幫助我們尋找新的顧客。在我們要求顧客為我們介紹新的顧客之前，我們還要做到以下幾點：

首先，誠信要擺在第一位。

顧客願意相信我們，是因為我們給他留下的誠實的好印象。而顧客的朋友之所有願意聽從他的介紹來購買我們的產品，說明他們信任顧客。如果我們在顧客的朋友面前沒有誠信，就會導致他們對顧客本人的懷疑，以後他們不但不會信任我們，同樣也不會信任我們的顧客了。

這樣一來，我們最後失去的不僅會是新顧客，甚至可能還會失去老顧客。因此，業務員要始終保持誠信，只要對顧客承諾了的事情，就意味著我們是經過深思熟慮的，所以不論遇到什麼困難，都要兌現。

其次，產品的品質要過關，服務要周到。

要讓顧客幫助我們介紹新顧客，業務員最有說服力的武器就是產品的品質和服務。如果我們產品的品質都無法得到顧客本人的認同，那麼

第十一章 實施獵犬計畫—讓顧客幫助你尋找顧客

他不僅不會介紹自己的親戚、朋友購買了,反而會告誡身邊的親戚朋友,以免上當受騙。

除了產品品質之外,業務員一定要保證自己的服務能夠讓顧客滿意。要知道,只有讓顧客有一次愉快的購買經歷,那麼不用我們請他們幫忙,他們也會主動會把別人介紹給我們的。

第三,及時回報顧客。

我們要清楚,顧客充當業務員的介紹人,並不是出於義務,而是人情,甚至他們還會期望從我們身上得到一些回報。這是人之常情,就像喬·吉拉德付給介紹人 25 美元一樣,如果我們成功與顧客介紹來的人達成交易,那麼我們就應該及時回報顧客。

回報的方式有很多種,並不僅限金錢一種,我們可以送給顧客一些紀念品,或者在他們購買產品的時候打一個最低折扣。總之,在不違背公司以及法律的情況下,我們可以自由發揮自己的想像,去回報顧客。只有這樣,我們與老顧客這份人情才不會冷卻,他們也才願意繼續充當我們的獵犬。

第十二章
每天淘汰舊的自己──
在超越中不斷成長

第十二章 每天淘汰舊的自己—在超越中不斷成長

最大的競爭者是自己

談到競爭，有很多人腦海裡就會浮現出一大串人名的同時，也在他們身上賦予了太多標籤：收入、能力、才華等等，而我們的目的就是追趕對方，並希望自己最終能以一個勝利者的姿態超越對方。

將對手當成自己的競爭者，這雖然是一個激發潛能、促使自己不斷前進的辦法，但在比較的同時，我們又容易變得心浮氣躁，最後很可能會因為達不到目的，而敗於挫敗感當中，從此一蹶不振。

以此看來，與其把別人當成自己的競爭對手，還不如把自己當成競爭對手。一個把自己當成競爭對手的人，為了激發自己的潛能，能夠潛下心來做好一件事情，在摸索過程中，會不斷總結經驗、實現創新。當過一段時間回頭再看的時候，就會發現，我們在某個領域做到了極限，已經超越了無數人。

對於喬‧吉拉德來說，他就是一直把自己當成競爭對手。在多年的銷售生涯中，他一直想辦法讓明天的業績超越今天。常年保持這樣的工作狀態的喬‧吉拉德，最後發現自己已經無法與別人展開競爭，因為他所創造的業績記錄，已經遠遠地將同行甩在了身後。

喬‧吉拉德曾看到過一則報導，報導中說伊利諾州有一名賣凱迪拉克車最多的業務員。同行之間難免會好奇彼此之間的銷售業績，喬‧吉拉德檢視了這位業務員的汽車銷售數量後，發現儘管凱迪拉克車的售價是雪佛蘭車的 2 倍，但他的售車數量卻是他的 3 倍，而且銷售額是他的 2 倍，也就是說，喬‧吉拉德最終拿到的佣金，也是他的 2 倍以上。

由此，喬‧吉拉德無不自豪地說：「除了喬‧吉拉德，我還能和誰競爭？

沒有人了!」雖然當時喬·吉拉德在當地一直保持著銷售大王的地位,但他並沒有為此沾沾自喜,因為,他深知自己的銷售成交量達到頂峰之後,想要實現再增長是非常艱難的。這是喬·吉拉德無法忍受的,對於他來說,這就意味著他將失去銷售快樂的同時,再也無法賺取到更多的佣金。

為了打破銷售瓶頸,喬·吉拉德想到了一個辦法,就是自費僱人和他一起銷售,達到增加銷售額的目的。從商業角度來看,喬·吉拉德此舉能夠有效地將自己解放出來,從而有更多的時間去做最有成效的工作。

而在這之前,喬·吉拉德每年雖然都能賣掉幾百輛汽車,也確實賺到了不少佣金,但這也與他所付出的時間和精力是成正比的。他也時常感到力不從心,無法兼顧工作和生活。直到有一次,一位核算所得稅的會計師看了喬·吉拉德那筆不菲的納稅數字說:「喬,你太玩命了,而且你把收入的一半都交給政府了。你為什麼不花點錢僱人做你的助手呢?那隻會占你銷售開支的一半。而且,僱人做日常的工作後,你能更專注於你做得最好和最喜歡做的事,(即成交)。」

真是一語驚醒夢中人!喬·吉拉德覺得那位會計師的想法很好,便馬上開始落實。1970 年,他僱了一名全職助手,他的名字是尼克·倫茨。尼克·倫茨能力出眾,自從追隨喬·吉拉德之後,一直負責業務的行政部分並幫他處理其他業務專案。

很快,喬·吉拉德就嘗到了僱人的好處,他有大把的時間去談更重要的顧客,同時,也有了享受生活的時間。發展到後來,喬·吉拉德乾脆把兒子喬伊也留在身邊,輔助他工作。

儘管喬·吉拉德每個月要付給這兩位「左膀右臂」優厚的薪水,但他認為非常值得。此時,他已經意識到了團隊的重要性:「我們每個人都

第十二章 每天淘汰舊的自己—在超越中不斷成長

不能單打獨鬥。我們賣的汽車不是自己生產的，許多業務員也不負責汽車的運輸，我們只是一個龐大的、人人互相依靠的經濟系統的一部分，但你至少要領導這個系統的一個部分，這樣才能從他人的努力中獲得利潤，即使你為對方的工作付出的是公平的價錢。」

為了讓工作更高效，喬·吉拉德明晰了每個助手的職責。他給喬伊安排的工作是負責招待顧客、維持現場秩序，並盡量了解每一位顧客的相關資訊。

此外，喬伊還是喬·吉拉德重要的情報員，每當他為顧客做業務展示的過程中，會了解每一位顧客的舊車的車況、對哪款新車感興趣、以及經濟情況等。然後，喬伊會藉故離開顧客，將有關顧客所有情況一一彙報給喬·吉拉德。喬·吉拉德就會根據這些情況，對症下藥，一一克服顧客的種種顧慮，然後達成交易。

在兩位助手的輔助下，喬·吉拉德終於成功打破了銷售瓶頸，實現了銷售額不斷增長的目的，這也為日後他成為世界偉大的業務員奠定了基礎。

對於業務員來說，如果我們也遇到了像喬·吉拉德同樣的問題，不妨也效仿他的做法，僱人和我們一起銷售，這樣往往能讓我們在銷售上更進一步。

當然了，因為銷售行業以及個人銷售能力的不同，不可能每個業務員都需要僱一個助手。不過，我們可以學習喬·吉拉德的這種思維方式，在銷售中不和別人比拚，只和自己競爭，因為每個人的成長環境以及教育背景的不同，決定了每個人的能力會有所差異。如果我們一味和別人比較，結果只會得到沮喪感和挫敗感。

所以說，只有把自己當成競爭對手，我們才能根據自己的實際能力，一步步地實現突破，這個過程不會有比拚的焦慮，只有成長的快意。如果能夠長期堅持下去，最後就會發現，我們已經成為優秀的業務員了。

自省，即是進步

孔子說：「吾日三省吾身」，意思是說，每天要多次反省自己。只有透過反省，我們才能在前進的道路上，不斷修正自身的錯誤，從而避免走過多的彎路。一個時常自省之人，往往具有非凡勇氣，因為他可以坦然面對過去的種種錯誤。

對於業務員來說，經常進行自我反省是很重要的，不會自我反省的人如同無頭蒼蠅一樣的到處亂撞，只有四處碰壁而收穫甚微。所以，反省可以讓我們重新檢視自己的行為，得到更大的進步。喬·吉拉德作為世界頂尖的業務員，他每天的必修功課就是進行自我反省。

如果有一天早晨，他醒來後感覺到情緒低落，沒有心情做任何事情，那麼這一天他就不會去上班。因為在他看來，與其消沉地去上班，還不如趁著天氣好的時候，外出爬山划船，總比心情不佳而和顧客鬧矛盾要好得多，就算不會到發生爭執的地步，至少也無法全身心地投入到工作當中，這樣就難免會怠慢了顧客。

而在這一天當中，喬·吉拉德就會透過反省自己，回顧以往的工作，逐一找出讓自己情緒不佳的原因，然後及時調整自己的狀態，重新投入到工作當中。此外，他還會在每天下班之後，回顧這一天成交的生意和未成交的生意。

不要感到意外，雖然全世界的業務員都知道了喬·吉拉德的名字，但這並不代表他與每一位顧客都能夠成交。但是他會盡量做到，每天至少有一半的顧客都會和他成交。他之所以能在銷售後期依然保持著平均每天賣 5 輛車的成績，並不是他的業務技巧發揮了作用，而是因為他的

第十二章 每天淘汰舊的自己—在超越中不斷成長

每天接觸的潛在顧客比較多。

這就有利於喬‧吉拉德在進行自我反省的時候,能夠有更多的參考對象。當他回憶他和每一位顧客交流時所說的話,然後分析是哪一句話讓對方下定決心購買汽車,或是那位顧客為什麼始終不同意購買我的汽車,我忽略了什麼細節?

當他逐一分析完這些顧客的時候,如果發現沒有成交的原因是出在自己身上,那麼他就會記住,下次不會再犯;如果他發現不是自己的原因,就會給未成交的顧客打電話,向對方詢問沒有購買的願意。

通常情況下,顧客都非常願意向他指出一些問題。更重要的是,喬‧吉拉德還能夠藉此機會再次和顧客進行談判,得知對方還有哪方面的要求。這時,他就會根據顧客的要求,做出相應的補救,盡量滿足顧客的一些要求。到最後,一部分顧客都願意重新成交。

成功沒有祕訣。對於喬‧吉拉德來說,他之所以能夠成為銷售大師,並不是一蹴而就的,而是透過長年累月對銷售的堅持、摸索以及反省。正如他本人說:「如果我能成功,那麼你也能夠成功。」

要知道,世界上任何工作都會在某個時候讓人感到痛苦,因為工作就是一件偉大的事情。偉大的事情從來不會一帆風順的,只是有人能夠苦中作樂,將痛苦轉化為享受,從而產生工作的樂趣。

在這個過程中,自我反省能力是很重要的。反省往往能夠讓我們重新審視自己的行為、心境乃至想法,這樣一來,就有可能重新定義一件事情,迸發出新的工作思路。對於業務員來說,每天只要能夠很好地反省自身,透過不斷總結經驗教訓,往往都能夠在短時間內提升自己的銷售能力。

追隨夢想，不斷超越自己

　　從小時候開始，我們每個人內心就種下了夢想的種子，靜靜地等待它生根發芽。雖然隨著年齡的增長，夢想也許會有所轉變，卻不曾遠離。不論我們的夢想多麼遠大，抑或多麼卑微，我們都有追逐它的權利。

　　出生在美國貧民窟的喬‧吉拉德，從小就忍受著父親的責罵，那時候的他唯一的夢想就是擺脫這種生活，不再遭受別人的白眼，過上富足的生活，擁有一份體面的工作。

　　為此，在別的孩子還在父母身邊撒嬌的時候，喬‧吉拉德就已經開始打工了。他知道，要實現自己的夢想，就要靠自己去努力。天濛濛亮他就爬起來送報紙，放學後再四處給別人擦鞋。這樣沉重的生活並沒有讓喬‧吉拉德覺得，自己是這個世界上最可憐的人，反而，他能為自己不斷朝理想邁進而感到自豪。

　　有人認為，夢想是小時候就存在於腦海中，然後在長大的過程中努力去實現。而事實上，一個人能夠在有生之年實現自己小時候的夢想是微乎其微的事情。夢想會隨著時間的流逝，心智的成熟，社會的改變而改變。每一個人在每一時期的夢想都是不同的，也許我們小時候的夢想是成為太空人或者是成為醫生，但長大後，我們成為了一名業務員。如果我們想要在這個行業長久地發展下去，並取得一定的成就，從今天起，我們的夢想就是「我要成為最偉大的業務員」。

　　喬‧吉拉德稱自己為不安於現狀的人，或者說，每一個有夢想的人，都是不安於現狀的。在他的周圍，這樣的人並不在少數。一次，喬‧吉

第十二章 每天淘汰舊的自己—在超越中不斷成長

拉德為了趕時間,他搭乘了一名心中懷有夢想的司機的計程車。職業習慣的原因,剛上車的喬·吉拉德就與這個司機聊了起來。

當他們談到這輛車的時候,司機臉上露出自豪的表情,他告訴喬·吉拉德,這是他自己的車,而且很快他就會擁有第二輛,當他擁有第二輛以後,他就可以擁有一個屬於自己的計程車公司了。這是他的夢想,為此,他每天開車載客人的時候,心中都充滿了動力。

喬·吉拉德很高興自己遇到了這樣一個有夢想的人,在他看來,每一個有夢想的人,都是值得人們去敬佩的。接著這個司機又告訴喬·吉拉德,他來美國僅僅一年〇一個月,而且在他剛來的時候,他身上只有兩塊錢,現在的一切,都是靠自己的努力得來的。最後,他告訴喬·吉拉德,他為自己有一個夢想而驕傲,這也是他不斷超越自己的動力。

由此可見,只要有夢想,就能夠取得成功。也許現在的我們已經擁有了強烈的創富意識,並且也已經規劃出了致富夢想,但是由於種種原因,我們可能仍然沒有獲得成功,即便是這樣,我們也不要氣餒。正如喬·吉拉德所說:「如果我們是一輛汽車,那麼夢想就是燃油,除此之外,我們還需要精良的機器,經久耐用的車廂,優良的方向儀與高超的駕駛技術,這樣我們才能發動起所有的發動機,快速向我們的夢想駛去。」

喬·吉拉德所認識的約翰·坦伯頓就是這樣一個男孩。在約翰·坦伯頓17歲那年,他的夢想是要成為一家大公司的老闆。在耶魯大學中,當別的學生還在研究如何經營一般企業的時候,他的興趣就已經轉移到了研究評斷公司的財務之上。大學二年級的時候,因為家庭的經濟拮据,他面臨著輟學。在學業和生計之間,他為了夢想,最終選擇了學業。

做出這樣選擇的約翰·坦伯頓,意味著他不但要付出努力學習,還要拚命賺錢交自己的學費和維持自己的生活。這樣的窘狀並沒有讓他退縮,反而讓他更加頑強地去追求自己的夢想。三年後,除獲得經濟學學

士的學位外，同時他還獲得了著名的路德獎學金，還取得了全國優等生俱樂部耶魯分會會長的頭銜，並以極其優異的成績畢業。

此後的兩年裡，約翰·坦伯頓前往英國牛津大學攻讀碩士。回到美國後，他加入了一家頗具規模的證券公司，擔任投資諮詢部辦事員。不久，他得知有一家公司正在徵聘年輕上進的財務經理，他便前往應徵。四年之後，他學到了能夠在這個公司學到的一切知識，他決定再次回到自己喜歡的證券行業中。

他從一個資深職員的手中，以5美元的價格買下了8個顧客的經營權，然後經過兩年的苦心經營，在第三年來的時候，他的夢想終於實現在現實生活中。

每個人都是在不斷地超越自己中，實現了自己的夢想，我們正是年輕的時候，年輕就意味著追逐，追逐自己的夢想，即使在遇到挫敗時，想到自己對未來的美好憧憬與夢想，就依然充滿動力地勇往直前。

如今，喬·吉拉德也已經實現了他的夢想，告別了困苦的日子，也得到了人們的尊重和讚賞。他現在有一個美麗的家，他的家離大富豪亨利·福特二世家只隔著幾個街區。他還花了32000美元裝修了洗手間，作為禮物送給了太太。

這一切都是他為夢想而努力的結果。他的每一步都是向著夢想的方向前進著，當他賣出第一輛車時，他希望自己第二天能夠賣出兩輛，就是在這種不斷地超越中，他才能夠一步步走向自己的夢想。

第十二章 每天淘汰舊的自己—在超越中不斷成長

比自己的榜樣還努力

每個業務員的心中，都有自己追隨的對象，也許在很多業務員心中，喬·吉拉德就是我們的榜樣，他們在佩服喬·吉拉德能力的同時，也在想「如果我能成為喬·吉拉德就好了」。

其實，成為喬·吉拉德並不是不可能做到的事。他曾經說過，如果說他所講的一切都是有祕訣的，那麼這個祕訣就是：事實上，任何人都可以能夠像他一樣做到頂尖的位置。而且，這也不需要我們是一個天才，或者是擁有多麼高的學歷，因為喬·吉拉德本人連高中都沒有畢業。因此，業務員沒有必要把成為喬·吉拉德當作是一個可望而不可即的夢，而是當作我們的目標去實現，或許，我們應該更看好自己，要做得比喬·吉拉德更加成功。

喬·吉拉德認為世界上最蠢的人，就是當他聽到別人說「不可能」時，他便真的認為是「不可能」，儘管他從來沒有去嘗試過。很多人不相信奇蹟，因此，他們也不肯為了創造奇蹟而努力。其實，奇蹟並不是人們想像中的那樣神祕莫測，我們所看到的每一個奇蹟，不都是由人來完成的嗎？當我們不再用各種藉口和懶惰來做「擋箭牌」的時候，我們就會看見，奇蹟就在我們身上發生。

喬·吉拉德所取得的一切，也不是在一夜之間就擁有的，他也不是在某天清晨醒來就發現自己有了魔術般的變化；他也並不是突然間就學會了怎樣接待顧客；他也並不是在瞬間就悟出了怎樣說服顧客購買他的車。而這一切他都做到了，而且是依靠自己的能力做到的。現在的喬·吉拉德站在人們面前，誰也不會想到他曾經在看守所中待過漫長的一

夜，誰也不會想到他也曾經睡過火車貨棧的棚車上。他創造了奇蹟，並且他相信，我們每一個業務員都能夠像他一樣，創造出奇蹟。

奇蹟的產生也很簡單，就是目標、汗水和淚水的混合物。為了能夠成為喬・吉拉德，為了能夠創造出奇蹟，我們就要在各方面比喬・吉拉德更努力。在今後的工作當中，我們要經常審視自己、審視我們所得到的東西並專心研究如何達到目標；要透過研究我們自己和我們的工作，來了解是什麼使我們的工作更加有效率。

我們要像喬・吉拉德那樣去善待我們的顧客，記住他們的喜好、興趣以及生日，並且親手給他們寫私人信件；不管我們賣的是什麼產品，喬・吉拉德對待顧客的方法都可以運用到我們的工作當中，在這個電腦和自助方式越來越流行的世界中，如果我們能夠真誠地親口對顧客說一聲：「謝謝您」「感謝您」，相信每一個顧客都會認為他們遇到了世界上最好的業務員。

比我們的榜樣更加努力的同時，為了能夠盡快的成為他們，並且超越他們，我們還可以透過模仿他們而達到我們想要的結果，正像喬・吉拉德所說：「如果你想提升銷售業績，那你也可以透過模仿而快速達到想要的結果。」對於他的忠告，我們可以透過以下3種方法來做到：

一、效仿他們的想法

仔細研究公司中最優秀的業務員，在他們的銷售過程中，他們所持有的是什麼樣的信念？他們是如何調整自己的心態？他們怎樣看待自己的工作？他們是如何和顧客成交？促使他們成功的習慣是什麼？

當我們明確了這些事項，我們就要用他們的想法來「武裝」自己，與此同時，還要在他們的基礎上提高自己的思想境界。

二、效仿他們的動作

觀察最優秀的業務員的動作,看他們在銷售中慣用的動作是什麼。他們是如何用肢體語言和顧客溝通的?他們是怎樣使用手勢的?他們的如果向顧客寒暄的?他們是如何介紹產品的?

要知道,業務員只有把每個動作做到職業化,才能顯示出我們的大方、自信。所以,如果我們找到了一個標準,不妨每天對著鏡子練習每一個動作。時間長了,就會讓每個動作成為自然反應。這樣再與顧客見面的時候,我們就能顯示出自己的得體大方以及專業性。

人們常說,要想讓自己變得優秀,就和優秀的人在一起。但是需要注意的是,和優秀的人在一起,不僅意味著和他們一起工作,更重要的是,我們要效仿他們並向他們學習,這樣才能讓自己變得更加優秀。同時,效仿的時候,還要結合自身的條件,總結出自己的經驗。

只有這樣,才能讓我們避免在效仿的過程中迷失自己,保持自己真實的一面,從而有機會超越他們。

克服恐懼，做自己的主人

作為業務員的我們，都有被顧客拒絕的經歷。被拒絕是一件既痛苦又恐懼的事情，遭受過顧客一次決然的拒絕，我們在下次進行銷售的時候，恐懼就會浮現出來並對我們說：「你不可能做到，你沒有辦法實現成功銷售，這個工作太艱難了，你是無法完成的……」而另一方面，我們試圖用信心鼓勵自己：「你可以做到任何事情，包括這次銷售。不是你的能力不足，只是你缺乏勇氣，事情還沒有做，你怎麼知道你不行呢？」

而實際上，我們往往會在這兩個極端中游移不定，即使勉強再去進行銷售，態度也會變得猶豫，又拿不定主意，顧客看到我們這樣的表現，往往也會開始猶豫是否該購買我們的產品。所以，作為業務員要想取得銷售上的成功，首先要做的就是克服恐懼。

恐懼對於每個人來說，都是存在的，只是有人比較善於透過調整自己徹底克服它。喬‧吉拉德正是這樣一個例子。我們知道，喬‧吉拉德小時候經常遭到父親各種打擊：「你永遠成不了大事，你永遠都會失敗，你一無是處。」

連最親近的父親都說出這樣傷害的話，喬‧吉拉德震驚的同時，也倍感難過，他甚至一度開始相信父親的話，因為他當時看起來確實是一無是處。正當喬‧吉拉德自暴自棄的時候，他的母親卻又及時給了他足夠的鼓勵：「要對自己有信心，你是個贏家，你可以得到你想要的東西。」

母親的溫柔和鼓勵和父親的打擊，一直伴隨著他長大成人。而在這期間，喬‧吉拉德也飽嘗自卑和恐懼之苦，一直到他的一位醫生朋友給他講了思想和肉體的關係，他才對恐懼有了重新的認知。

第十二章 每天淘汰舊的自己—在超越中不斷成長

喬‧吉拉德的醫生朋友說：「在每個人的外表之下都有兩個部分：思想和肉體。第一個部分是我們的主宰，它在腦部的大小約等於一塊橡皮擦。當思考的部分操控一切時，可以產生重大改變。不幸的是，只有5%的人是讓思想來掌控自己，另外95%的人則是受身體的控制。同樣的道理，很少人是被信心所引導，許許多多的人都受恐懼左右。頭腦告訴你：『前進，要有信心，你辦得到，立刻去做。』這是信心在說話。可同時，身體告訴你：『放棄吧，你會失敗的，你做不到，等會兒再做。』這是恐懼在說話。」

醫生朋友的一番話，讓喬‧吉拉德備受震動，原來不只他一個人有恐懼心理，釋然的同時，他下定決心克服恐懼，重塑信心。他開始學著忘記那些恐懼的聲音，強迫自己不再想一些負面的想法。透過一段時間的摸索，喬‧吉拉德總結出了幾條克服恐懼的辦法：

一、相信自己

克服恐懼從相信自己開始。為了相信自己，喬‧吉拉德把母親曾對他說的「你可以得到任何你想要的東西」這句話寫在紙條上，然後貼在浴室鏡子旁邊、汽車遮陽板上或者其他能夠隨時看得見的地方。每天不論是在哪兒，只要看到這句話，喬‧吉拉德都會不斷鼓勵自己，告訴自己能行，這樣就慢慢建立起了自信。

如果作為業務員的我們，也缺乏自信，不妨也像喬‧吉拉德一樣，寫一張可以讓自己鼓足勇氣的話，在進行銷售之前默唸幾遍，然後投入到銷售當中，往往能夠讓我們變得從容大方。不要小看這個心理暗示，它的正面力量確實能夠帶給我們很大影響。正如一些人在做事情之前，會看一些偶像的傳記，從中汲取自信的力量是一樣的道理。

二、和充滿自信的人在一起

喬‧吉拉德曾有過這樣一個深刻的體會：有一年美國政府頒布過一段時間禁運石油的法令，法令頒布後，對汽車銷售行業造成了巨大的打擊。因為汽車需要加油才能行駛，一旦沒有汽油，業務員是絕對賣不出汽車的。因此，喬‧吉拉德所供職店裡的很多業務員頓時失去希望，紛紛辭職另尋出路。

在喬‧吉拉德看來，這些辭掉工作的業務員只是對自己的銷售能力沒有信心罷了。一個有自信的業務員，才不管什麼石油禁運的條令，他會始終堅信，不論遇到什麼困難，自己都會把車賣出去的。

透過此事，喬‧吉拉德給自己定了一個規矩：遠離消極、害怕的人，結識更多有自信的人。因為和消極的人在一起工作，他們除了抱怨、退縮之外，不會產生任何正面的力量，這會帶給我們無窮的負面能量，時間長了，我們也會變得和他們一樣，遇事退縮，不敢承擔，徹底失去銳氣，這是非常可怕的。

相比之下，和自信的人在一起尤為重要。自信之人如果認準一件事情，不論遇到什麼樣的困難，都會百折不撓，直到達成目標。自信之人所散發出的永遠是積極的力量，他們如果失敗無數次，也會有無數次重新站起來的勇氣。和這樣的人在一起，我們的自信才會源源不斷地增加。

三、用思想掌控自己，不做身體的奴隸

在工作中，當我們遇到一些棘手的問題時，總會下意識地開始拖延，一直等到必須解決的時候，才硬著頭皮著手處理。之所以會這樣，是因為我們內心知道，這件事情的難度比較大，處理過程會相當痛苦，所以，此時趨吉避凶的本能就會顯現出來。當然，除了難度之外，拖延

第十二章 每天淘汰舊的自己—在超越中不斷成長

的理由還有就是出於我們沒有信心完美解決問題。

不論是困難還是沒有自信，我們都要知道，一味拖延只能增加變數，唯有速戰速決才能避免這種情況發生。而這就要求，我們要成為自己的主人，讓思想掌控自己，而非讓身體掌控自己。

針對如何掌控自己，喬·吉拉德曾講過這樣一個故事：布里格姆·揚，是著名的摩門教的開拓先鋒。一次，布里格姆·揚在帶領信徒們外出開拓疆野途中的時候，他突然產生了吸菸的慾望。因為摩門教不鼓勵吸菸，格姆·揚為了克制自己的慾望，便隨身帶了一包菸葉。於是，他拿出煙葉盯著它問自己：「我比較大還是這包煙比我大？」

當然，布里格姆·揚知道他比較大，他只是透過這個事實克制自己慾望，徹底戰勝自己的慾望，成為身體的掌控者。

作為業務員，要想克服恐懼，我們就要做自己主人，讓自己思想指導身體，而非聽從身體的安排。只有這樣，我們才能讓自己的想法得以實現。

四、讓自己忙碌起來

不知道我們是否有這樣的體驗：當我們完全沉浸在工作當中，就會忘記煩惱、壓力和痛苦，換句話說，也就是我們沒有時間想這些東西。確實，如果我們要想獲得成功，就要拋棄一切顧慮，全身心投入工作，因為只有做過，我們才知道能不能成功。

從1974年開始，底特律都會區的汽車經銷商從一週上6天班改為上5天班。由於星期六是多數人休息的時間，所以有人會選擇這個時間來看車。現在因上班時間的改變，讓喬·吉拉德覺得前景一片黯淡。

但是很快，他就告訴自己，成交量是不會因為上幾天班所決定的，現在整個市場擺在那兒，顧客也有購買汽車的需求，而他所要做的就是

把星期六應該成交的生意，放在工作日來完成。

目標的改變使喬‧吉拉德變得更加忙碌起來，以至於他都沒有時間去想能否成功。而他最終忙碌的結果是，第一年，他在一週五天中賣出汽車的數目和以前每週六天賣出的數目幾乎相同。

讓自己忙碌起來，不僅會讓自己變得充實起來，不再空虛和煩惱，而且更重要的是，當我們結束一段忙碌之後，往往也能意外地發現，自己竟然做成了一件以往認為不可能做成的事情。

銷售是一份需要不斷突破自己的工作，每天我們可能要面對新的困難和問題，為了避免自己出現懈怠情緒，我們需要時刻克服自己的恐懼、建立自信，只有這樣才能應對每一天的工作。

超越自我的銷售實戰,喬‧吉拉德的業務魂:

應對拒絕,化解異議!讓每次拜訪都成為機會,從零開始逆襲成冠軍

作　　　者:	徐書俊,金躍軍
發　行　人:	黃振庭
出　版　者:	財經錢線文化事業有限公司
發　行　者:	財經錢線文化事業有限公司
E - m a i l:	sonbookservice@gmail.com
粉　絲　頁:	https://www.facebook.com/sonbookss
網　　　址:	https://sonbook.net/
地　　　址:	台北市中正區重慶南路一段61號8樓 8F., No.61, Sec. 1, Chongqing S. Rd., Zhongzheng Dist., Taipei City 100, Taiwan
電　　　話:	(02)2370-3310
傳　　　真:	(02)2388-1990
印　　　刷:	京峯數位服務有限公司
律師顧問:	廣華律師事務所 張珮琦律師

-版權聲明-

本書版權為作者所有授權崧博出版事業有限公司獨家發行電子書及繁體書繁體字版。若有其他相關權利及授權需求請與本公司聯繫。

未經書面許可,不得複製、發行。

定　　　價: 399 元
發行日期: 2024 年 08 月第一版
◎本書以 POD 印製
Design Assets from Freepik.com

國家圖書館出版品預行編目資料

超越自我的銷售實戰,喬‧吉拉德的業務魂:應對拒絕,化解異議!讓每次拜訪都成為機會,從零開始逆襲成冠軍 / 徐書俊,金躍軍 著 . -- 第一版 . -- 臺北市 : 財經錢線文化事業有限公司 , 2024.08
面;　公分
POD 版
ISBN 978-957-680-951-4(平裝)
1.CST: 銷售 2.CST: 顧客關係管理 3.CST: 職場成功法
496.5　　113011336

電子書購買

爽讀 APP　　　臉書